U0245514

"工学结合　校企合作"　课程改革教材
职业教育园林专业规划教材

园林树木栽培与养护

主　编　王玉凤
副主编　左文中
参　编　左久诚　赵玉春　汤朝辉
　　　　杨　阳　李兵兵
主　审　陶　俊　任淑年

机械工业出版社

本书采用项目教学方式，将课程内容分为概述和6个单元即：园林常规树木栽植与养护、特殊立地环境植物的栽植与养护、大树的移栽与养护技术、园林树木的整形与修剪、草坪的建植与养护、园林树木的其他养护管理。各单元中有若干个项目，每一项目分别从学习目标、项目导入、学习任务、操作要点、问题探究、随堂练习、课余反思等模块阐述知识与技能，并进行项目考核及绿化工等岗位知识链接，引导学生能够深入地学习园林树木栽培与养护方面的知识与技能。

本书文字精练，内容简单，通俗易懂，注重理论联系实际，应用性、可操作性强，具有很强的教学适用性。本书可供职业教育园林、园艺、林学、景观等专业的学生及教师使用，也可供相关培训及自学人员等参考使用。

本书配套有教学视频，选用本书作为教材的教师可登录 www.cmpedu.com 注册、下载，或联系编辑（010-88379197）索取。

图书在版编目（CIP）数据

园林树木栽培与养护/王玉凤主编.—北京：机械工业出版社，2010.8（2013.1重印）
"工学结合 校企合作" 课程改革教材.职业教育园林专业规划教材
ISBN 978-7-111-30293-3

Ⅰ.①园… Ⅱ.①王… Ⅲ.①园林树木—栽培—高等学校：技术学校—教材 Ⅳ.①S68

中国版本图书馆 CIP 数据核字（2010）第 058308 号

机械工业出版社（北京市百万庄大街22号 邮政编码100037）
策划编辑：朱元刚 责任编辑：朱元刚
版式设计：张世琴 责任校对：薛 娜
封面设计：马精明 责任印制：乔 宇
北京汇林印务有限公司印刷
2013 年 1 月第 1 版第 3 次印刷
184mm×260mm·12.5 印张·304 千字
4001—7000 册
标准书号：ISBN 978-7-111-30293-3
定价：27.00元

前言

　　本书是依据"以服务为宗旨，以就业为导向，以能力为本位，以学生为主体"的职业教育理念，通过深入的社会调研，在了解园林绿化发展状况、专业技术领域和职业岗位的任职要求基础上，参照相关的国家职业资格标准，与企业合作开发的专业课程教材。

　　《园林树木栽培与养护》课程对应的职业岗位与从业人员是从事园林树木栽植与养护工作的技术人员，对应的国家职业资格证书是"园林绿化工"和"园林养护工"。

　　本教材主要有以下特点：

　　1. 以形成园林树木栽培与养护等基本能力为目标，彻底打破学科课程的设计框框，紧紧围绕绿化工国家职业标准及考核要求来选择和组织教材内容，突出工作任务与知识的联系，让学生在职业实践活动的基础上掌握知识，提高学生的就业能力。

　　2. 在结构和内容安排上，将课程内容分为概述和6个单元，即：园林常规树木栽植与养护、特殊立地环境植物的栽植与养护、大树的移栽与养护技术、园林树木的整形与修剪、草坪的建植与养护、园林树木的其他养护管理。每一单元下又分解出若干个项目，每一项目通过"学习目标"、"项目导入"、"学习任务"、"操作要点"、"问题探究"和"课余反思"等模块，贯彻从简单到复杂、循序渐进等原则，引导学生思考，并突出关键部分。

　　本教材由王玉凤编写全书的提纲，并承担了概述、单元1和单元2、单元3、单元4部分内容的编写，以及最终的统稿工作。左久诚提供了单元2、单元3、单元4的部分资料，左文中编写了单元5，赵玉春编写了单元6，汤朝辉、杨阳、李兵兵参与了教学视频的制作。全书由扬州大学园艺与植保学院陶俊教授和江苏联合职业技术学院任淑年副教授主审。教材在编写过程中得到了江苏艺华园林建设有限公司的大力支持，在此表示衷心的感谢。

　　本教材适合于职业院校园林、园艺类专业教学。使用时，各校可根据自身的教学实习实训条件，对教材中单元或单元中的项目进行适当取舍。

　　因作者水平有限，不足之处在所难免，敬请专家、同行和读者批评指正。

目　录

概　　述

园林树木栽培学是对园林树木的种植、养护与管理的科学。园林树木栽培的对象既是单株散生的树木，也包括以各种组合形式出现的群植树木。

0.1　园林树木栽植的原理

园林树木的栽植对象是有生命的植物材料。在栽植过程中，由于树木在起苗时根部受到损伤，使得根系吸水暂不能满足地上部所需的水分供给。另外，根系被挖离原生长地后容易干燥，使树体内水分由茎叶移向根部，当茎叶水分损失超过生理活动临界点时，即会干枯、脱落，芽亦干缩。因此，园林树木的栽植，要注意树体水分代谢的平衡，必须提供相应的栽植条件和管理措施，来协调植株地上部和地下部的生长发育矛盾，使之根深叶茂，达到园林绿化所要求的生态指标和景观效果。园林树木栽植成活的原理主要有：

1. 树种选择要"适树适栽"

1）优先选用乡土树种。某一树木在移栽前，必须了解该树种的生态习性以及对栽植地区生态环境的适应能力，要具备成熟的栽培养护技术。特别是花灌木新品种的选择应用，要比观叶、观形的园林树种更加慎重，因为此类树种的适应性表现除树体成活之外，还有花果等观赏性状的完美呈现。所以，适树适栽的原则，首先是在园林绿化中应优先选用性状优良的乡土树种作为骨干树种。

2）地下水位高低也是适树适栽考虑的一个重要因子。现有园林树种中，耐湿树种极为匮乏，特别是雪松、广玉兰、桃树、樱花等对根际积水极为敏感，栽植时可采用抬高地面或深沟降渍的措施，以利于树体成活和正常生长发育。

3）可利用栽植地的局部特殊小气候条件，突破原有生态环境的局限性，满足新引入树种的生长发育要求，达到适树适栽。例如：客土移栽，土壤改良；束草防寒，增强树木抗寒能力。

4）适树适栽的另一个重要因子，是树种对光照适应性的差异。园林树木栽植与一般造林不同，多以乔木、灌木、地被植物相结合的群落生态种植模式来表现景观效果。因此，在多树种群体配植时，对树种耐阴性和喜阳花灌木配植位置的安排，就显得极为重要。另外，多种园林植物群体栽植时一般应按照从大到小顺序栽植：乔木→灌木→地被→草坪。

2. 栽植时期要"适时适栽"

园林树木的栽植时期，应根据树木特性和栽植地区的气候条件而定。一般落叶树种栽植多在秋季落叶后或春季萌芽前进行，此期树体处于休眠状态，受伤根系易恢复，栽植成活率高。常绿树种栽植，在南方冬暖地区多为秋植；在冬季严寒地区，常因秋季干旱造成"抽条"，而不能顺利越冬，一般以新梢萌发前春植为宜；在春旱严重地区可进行雨季栽植。

（1）春季栽植　春季树体结束休眠，开始生长发育。春植也符合树木先长根、后发枝叶的物候顺序，有利于水分代谢的平衡。尤其是在冬季严寒地区或对于不耐寒的树种，春植可不需要越冬防寒。秋旱风大地区，常绿树种也宜春植，但在时间上可稍推迟。具有肉质根的树种，如山茱萸、木兰、鹅掌楸等，根系易遭低温冻伤，也以春植为好。春季栽植要根据树种萌芽习性和不同地域土壤化冻时期，利用冬闲做好计划。例如，树木的萌芽习性一般以落叶松、银芽柳等最早，杨柳、桃、梅等次之，榆、槐、栎、枣等最迟。土壤化冻时期与气候因素、立地条件和土壤质地有关。落叶树种春植宜早，土壤一化冻即可开始。华北地区春植，多在3月上旬至4月下旬，华东地区以2月中旬至3月下旬为佳。

（2）秋季栽植　秋季树体内水分蒸发减少，且气温和地温都比较高，栽植时被切断的根系能够尽早愈合，并有新根长出。华北地区秋植，多使用大规格苗木，以增强树体越冬能力。华东地区秋植，可延至11月上旬至12月下旬。东北和西北北部严寒地区，秋植宜在树木落叶后至土壤封冻前进行。

3. 栽植方法要"适法适栽"

园林树木的栽植方法，应根据树种的生长习性、树体的生长发育状态、树木的栽植时期，以及栽植地环境条件等，采用裸根栽植或带土球栽植。

（1）裸根栽植　此法多用于常绿树小苗及大部分落叶树种。裸根栽植的关键在于能够保持根系的完整性，骨干根不可太长，侧根、须根尽量多带。

（2）带土球栽植　常绿树大苗及某些裸根栽植难于成活的落叶树种，如板栗、长山核桃、七叶树、玉兰等，多使用带土球栽植。大树栽植和树木的生长期栽植，亦要求带土球进行，以提高成活率。

0.2　园林树木的生态习性

园林树木的生态习性是指树木与环境之间的相互关系。所谓环境主要是指气候因子（光照、温度、水分、空气）及土壤因子与树木生长发育的关系。当然，除了这五大因子，还有地形、地势、生物、人类等因子也有一定的影响。学习了解园林树木的生态习性，以便能运用这些相互关系来有效地栽培养护园林树木。

1. 光照

光照是园林树木生长发育的必要条件。一般说来，树木的幼苗期比成年期耐阴，树木的耐阴性随树龄的增长而降低，但同样是成年树，对光照的需求程度按树种的不同有较大差异，大致上可分三类：

（1）喜光树种（阳性树）　喜光而不能忍受庇荫的树种。如松属、水杉、杨、柳、臭椿、悬铃木等。

（2）耐阴树种（阴性树）　具有较高的耐阴能力，不能忍受过强光照（特别在干旱环境下）的树种。如云杉、黄杨、海桐、常春藤等。

（3）中性树种（中性树）　在充足阳光下生长良好，但稍受庇荫时也不致受害的树种。如侧柏、朴树、七叶树、槭类等。

2. 温度

园林树木对温度的要求不同主要与原产地的温度有关，常见到南方树种北移后会受冻，北方树种南移后易受灼伤的现象，绝大多数是温度不适应的原因。

自然界中各种树木的地理分布情况常分为四类：即热带树种、亚热带树种、温带树种、寒带树种，这主要是从温度这一角度来区分的。长江流域地区界于温带和亚热带之间，因此温带和亚热带树种十分多见。有些树种对温度的适应性较广，两带树种的特性兼而有之。又有些树种对温度的适应性较小，则温度过高过低都会对它产生危害，对于这些树种，养护时需加以注意，寒害时要设风障、包扎、涂白、熏烟等，高热时要喷水、遮阴。

3. 水分

水分是园林树木生长和繁衍的必要条件，树木的一切生命活动都离不开水分。根据树木对水分的不同要求分为三类：

（1）耐旱树种（旱生树种）　这类树种一般根系较发达、叶较小或叶面具有发达的角质层、蜡质及绒毛。如松属、臭椿、白栎、蜡梅等。

（2）耐湿树种（湿生树种）　这类树种在干燥环境下常致死亡或生长不良。它们一般根系短而浅，树干基部常膨大，或有呼吸根，如水杉、池杉、乌桕、栀子花等。

（3）一般树种　在干湿适中的情况下才能正常生长的树种。这类树种占了园林树木中的大多数。

一般园林树木，在苗期均需较多的水分，随树龄增长，对水分的适应能力逐步增长。故苗期的灌溉决不能忽视。在树木的年生长周期中，早春萌芽时需水较少，旺盛生长时需水较多，花芽分化时需水少，开花结果时需水较多。故在一年养护管理中也需按季节的不同而采取不同的灌溉措施。

4. 空气

在工矿区的空气中，常含有多种污染物质，主要有硫化物、氟化物、氯化物、粉尘及其他有害气体，对园林树木会产生极为不利的影响。然而，在有害气体危害较甚的地区，必须选择一些对有害气体抗性较强的绿化树种，以减轻其污染程度。这对各地发展起来的现代工业园区绿化工作具有特别的重要意义。目前已知抗性较强的主要树种有：

1）对二氧化硫抗性较强的树种。如：垂柳、钻天杨、楝树、侧柏、构桔、海桐、蚊母树、女贞、夹竹桃等。

2）对氯抗性较强的树种。如：大叶黄杨、夹竹桃、海桐、蚊母、凤尾兰、丝棉木、臭椿、无花果等。

3）对氟化氢抗性较强的树种。如：海桐、蚊母、棕榈、瓜子黄杨、龙柏、桑、香椿等。

4）吸滞烟尘能力较强的树种。如：榆、朴、刺槐、臭椿、构树、悬铃木、泡桐、蜡梅、女贞、夹竹桃等。

5. 土壤

土壤是树木生长的基础。水分、肥料、空气、热量、微生物等都通过土壤作用于树木。根据园林树木对土壤酸碱度的不同要求可将树种分为三类，具体要求见表0-1。

表 0-1　园林树种对土壤酸碱度的要求

类　型	对 pH 值要求	举　例
酸性土树种	小于6.8	马尾松、山茶、杜鹃花、栀子花等
碱性土树种	大于7.2	柽柳、紫穗槐、沙枣等
中性土树种	6.8 ~ 7.2	大部分园林树种属于此类

此外，有些树种在钙质土中生长最佳，常见于石灰岩山地，如侧柏、白皮松、紫薇等。有些则能耐含盐量在0.3%以下的盐碱土，如柽柳、白榆、臭椿等。还有一些树种，对土壤

的适应能力极广，不论酸性土、钙质土、轻碱性土均能生长，如苦楝、乌桕、刺槐等。

从园林树木对土壤肥力的要求来说，绝大多数都要求肥料丰富的土壤，特别如胡桃、梧桐、樟等都不耐瘠。但也有一些树种是很能耐瘠的，称为瘠土树种，如油松、马尾松、牡荆、酸枣等；由于它们耐瘠，常在荒山荒漠处作开荒造林之用，故又称"先锋树种"。

土壤的其他性质如土壤水分、土壤微生物等都在一定程度上影响着树木的生长，了解各种树木对土壤的不同要求和适应能力。在育苗、养护、绿化树种选择等各方面都有十分重要的意义，是做到适地适树的可靠依据。

0.3　园林树木的生长发育规律

（1）园林树木的生命周期　园林树木的一生要经历幼年期、青年期、成年期，直至衰老死亡，这一全过程称为生命周期。

1）树木发育阶段。

① 实生树木（以种子繁殖的树木）的发育阶段

幼年期。从种子萌发起至性成熟为幼年期。一般以第一次开花为性成熟的标志。

青年期。从第一次开花结实到连续每年开花结实 5～6 次为止。这个时期结实量很少，仍以营养生长为主。这个时期根系和树冠增长很快。

壮年期。从大量结实开始到结实衰退为止。这个时期也称繁殖期。这个时期根系与树冠生长都已达到高峰，形态特征和生物学特性均较稳定。

老年期。从结实衰退开始到死亡前为止。这个时期生理机能明显衰退，新生枝数量显著减少，主干顶端和侧枝开始枯死，抗性下降，容易发生病虫害。

② 营养繁殖树木（以营养器官繁殖的树木）的发育阶段。树木的营养繁殖一般都用树冠上 1～2 年嫩枝或根部上的幼嫩部分为材料。从发育阶段上来讲，一般都已过了幼年期，因此没有性成熟过程，只要生长正常，有成花诱导条件，随时就可以成花。它们的生命周期只有成年期和老年期。

2）生命周期中生长与衰亡的变化规律。

① 实生树生长衰亡的变化规律。种子萌发以后，以根茎（树木的根与地上部的交界处）为中心，根因具向地性，向下形成根系。茎因具背地性，向上生长成主干、侧枝形成树冠。各种树木的根系与树冠的幅度和大小均因各自的遗传性而有一定的范围。树木从幼年期、青年期到开始进入壮年期生长都很旺盛，随着年龄增长逐渐衰亡。主茎上的骨干枝不断萌发侧枝，形成茂密的树冠，树膛内光照不足，早年形成的侧枝营养不良，长势衰退以至枯萎，造成树膛空缺。成年树进入旺盛开花结实以后，新产生的叶、花、果都集中在树冠外围，增大了从根尖至树冠外围的运输距离；开花、结果也消耗了大量养分，而补偿不足，使树木长势减弱。并且生长到一定年龄以后，生长潜能也逐渐降低，使树木出现衰老现象，如主干结顶、骨干枝分枝角张开、枝端弯曲下垂和枯梢等；环境污染和病虫危害也能促使树木衰老和死亡。

② 营养繁殖树的生长衰亡变化规律。营养繁殖树的发育特性，主要取决于繁殖材料取自实生树的什么部位，取自成年树冠外围的枝，本身已具有开花的潜力，繁殖后是实生母树的继续，故开花早。若取自实生树的基部或根茎，其发育阶段年青，故开花迟。营养繁殖树的遗传基础与母树相同，其发育性状（花、果颜色、雌雄性别等）和对环境条件的要求与

抗逆性基本相同。老化过程在一定程度上和一定条件下是可逆的，通过施肥、修剪可更新复壮。

（2）园林树木的年周期　树木在一年内随着季节的变化，在生理活动和形态表现上，其生长发育的周期变化称为年周期。树木每年萌芽、展叶、抽梢、开花、果熟和落叶休眠都是年周期变化。树木在长期适应环境的年周期变化中，在生理机能上形成了相应的有节奏的变化特性，称为树木的物候学特性。

1）落叶树木的年周期。落叶树木的年周期明显地分为生长期和休眠期。在生长期与休眠期之间又各有一个过渡期。

① 从休眠期转入生长期。休眠期生命活动并非完全停止，而是缓慢地进行着各种生命活动，如呼吸、蒸腾、根的吸收、养分合成和转化、芽的分化和芽鳞片的生长等。树木春季萌芽，最主要取决于从休眠到萌芽所需的积温和萌芽前 3 ~ 4 周的日平均气温（积温要求低萌芽期早，反之萌芽期晚。花芽萌发所需积温较叶芽低，故先开花后发叶，如毛白杨、白玉兰等）。

② 生长期。树木从萌芽到落叶算作一个生长期。成年树要进行萌芽、发枝、展叶、开花、结果和形成新芽的活动。

③ 生长期转入休眠期。以秋季树木正常落叶作为进入休眠期的标志。秋季昼渐短，夜渐长，细胞分裂渐慢，树液停止流动，温度降低，光合作用与呼吸作用减弱，叶绿素分解，叶柄基部形成离层而脱落。落叶后随着气温降低，树体内脂肪和单宁物质增加，细胞液浓度和原生质粘度增加，原生质膜形成拟脂层，透性降低等有利于抗寒越冬。树木经过这一系列准备后进入休眠期。树体各部位进入休眠期的早晚也各不相同。小枝夏末秋初停止生长，而后进行木质化和养分积累，为进入休眠期作准备。秋季正常落叶也不是一次落光，而是逐渐脱落。长枝下部的芽进入休眠期早，主茎进入休眠期晚，根茎进入休眠期最晚。光照时间的长短是导致落叶和进入休眠的主要因素。

④ 休眠期。从秋末冬初正常落叶到第二年春季萌芽前为树木的休眠期（相对休眠期），其长短取决于树种遗传性。

2）常绿树木的年周期。常绿树因它们的叶子寿命长，当年不脱落，二年生以上的叶子也是陆续脱落。常绿树叶子的寿命因树种不同而异：松属 2 ~ 5a，冷杉属 3 ~ 10a，紫杉属 6 ~ 10a。常绿阔叶树老叶脱落时间常在春季与新叶开展同时，故常可见到新老叶交替现象。

0.4　园林树木栽培学分类

1. 按照园林树木的生长习性大致分类

（1）乔木类　树体高在 5m 以上，有明显主干达 3m 以上，分枝点距地面较高的树木，如悬铃木、杨树、椴树等。乔木可分为常绿乔木和落叶乔木两类，其中常绿乔木又分为针叶常绿乔木（如雪松、柳杉、龙柏等）和阔叶常绿乔木（桂花、广玉兰、女贞等）。

（2）灌木类　树体矮小，通常在 5m 以下，没有明显的主干，多数呈丛生状或分枝较低，如紫荆、连翘、珊瑚等。灌木可分为常绿灌木和落叶灌木两类。

（3）藤蔓类　地上部分不能直立生长，常借助茎蔓、吸盘、吸附根、卷须、钩刺等攀附在其他支持物上向上生长，有常绿和落叶两类。如紫藤、常青藤、蔷薇等。

（4）竹类　多年生常绿的单子叶植物，有乔木、灌木和藤本，还有极少数杆形矮小、质地柔软而呈草本状的。如刚竹、孝顺竹等。

（5）棕榈类　多为常绿植物，其形态有乔木、灌木和藤本。如棕榈、棕竹等。

2. 按照园林树木的绿化用途分类

（1）庭园树　栽植于庭园、庭院、绿地、公园的树木，如雪松、银杏、玉兰、樱花等。

（2）庭荫树　树冠浓密，形成较大的绿荫，如悬铃木、国槐、毛白杨等。

（3）行道树　栽种在道路两旁的树木，如垂柳、白蜡、香樟、合欢、七叶树、栾树等。

（4）林带与片林类　在长度为200m以上，宽度为20～50m的范围内，栽植3排以上的树木，即构成林带。常用的树种如毛白杨、栾树、五角槭、合欢、刺槐等。

（5）花灌木类　如紫荆、紫薇、丁香、木槿、迎春、榆叶梅、海桐、六月雪等。

（6）攀援花木类　如凌霄、紫藤、葡萄、扶芳藤等。

（7）绿篱植物类　如黄杨、小叶女贞、龙柏、红叶小檗等。

（8）地被植物类　如络石、常春藤、铺地柏、扶芳藤等。

（9）盆栽桩景树木类　如五针松、枸骨、榕树、火棘、榆树、银杏、桂花、蚊母、女贞、梅花、葡萄等，均可制作盆景或盆栽。

3. 按照园林树木的观赏特性分类

（1）观树形木类（形类）　多孤植以观赏树形。这类树木树干直立、高大挺拔，树冠圆满，如国槐、雪松、龙柏等。

（2）观叶木类（叶类）　以观叶为主的园林树木。这类植物叶片各具特色：有叶形奇特的、有色泽艳丽的，有些种类叶色在不同生长时期还呈现不同的色泽，如银杏、红叶石楠、变叶木、红枫等。

（3）观花木类（花类）　以观花为主的园林树木归为此类。此类植物花型奇特、花色丰富、花期长。如牡丹、樱花、桂花、白玉兰等。

（4）观果木类（果类）　此类树种以观果为主。果实形态各异，色彩艳丽，挂果期长，观赏价值高。如火棘、石榴、佛手、金橘等。

（5）观树干枝类（干类）　此类树木以观枝干为主。其特点是枝干具有一定造型、或树皮奇特等。如红瑞木、龙爪槐、紫薇、佛肚竹等。

0.5　园林树木栽植的配置方式

1. 自然式配置

自然式配置是运用不同的树种，模仿自然群落构图的配置方式，株行距不等，创造一个休闲、游乐的自然环境。它包括孤植、丛植和群植等种植类型。

（1）孤植　孤植是一棵树单株栽植，也可多棵树紧密栽植，形成单株观赏的效果。主要表现个体美。

（2）丛植　丛植是一定数量的观赏乔、灌木自然组合栽植在一起。构成树丛的树木由几株到十几株不等。既表现个体美，也表现群体美。

（3）群植　群植是多于丛植数量（几十株以上）树木按一定的构图方式混植而成的人工自然群体结构。主要表现出群体美。

2. 规则式配置

规则式配置是树木的配置按一定的几何形式，以强调整齐、对称，株行距相等的配置方式。它包括中心植、对植、列植等种植类型。

（1）中心植　一般栽植于广场、花坛、小游园等构图的中心位置，以强调视线的交点。

（2）对植　一般是两株或两丛同种类型的树种左右对称在中轴线的两侧，相互呼应，在构图上形成配景或夹景。

（3）列植　在构图上形成整齐、单纯、统一的效果。有单列、双列和多列等方式。

0.6　园林树木栽培与养护常用的环境设备简介

园林栽培与养护常见工具与设备种类、园林用途与维护方法见表0-2。大树移栽所需特殊工具见单元3；整形修剪所需的特殊工具见单元4。

表 0-2　园林常用器具用途与维护

序号	名　　称	园林用途	维护要点
1	锄头	中耕松土除草	防生锈。存放环境干燥、清洁
2	犁、耙和旋耕机	耕翻、平整土壤	工作前必须检查关键部件是否正常。工作后彻底清理干净，检查零件的磨损情况，以便及时维修保养。存放环境必须干燥、清洁，机械关键部件作防生锈处理
3	铲、锹	起苗、挖穴和施肥	防生锈。存放环境干燥、清洁
4	手锯、剪枝剪	整形修剪	防生锈。存放环境干燥、清洁
5	大草剪、绿篱修剪机	修剪绿篱	防生锈。使用前应全面检查才能使用。使用后应检查零件松动情况并及时维修。金属部件涂防锈剂，脱漆部位涂防锈漆。长期不用时应存放在阴凉干燥处
6	安全带、梯子	整形修剪	防霉变和虫蛀，使用时要保证安全
7	灌溉施肥、喷药设备	树木养护等	清洗干净药箱、检查零件松动情况并及时维修。金属部件涂防锈剂，脱漆部位涂防锈漆。长期不用时应存放在阴凉干燥处。使用时应全面检查一次才能使用
8	皮卷尺、木桩、线	测量、定点、画线、支架等	防老化和腐蚀，存放于阴凉干燥处。支架最好每次都使用新的
9	铡草机、割灌机	草坪养护	使用前应全面检查才能使用。使用后应检查零件松动情况并及时维修。金属部件涂防锈剂；脱漆部位涂防锈漆。长期不用时应存放在阴凉干燥处
10	起吊设备	起苗、卸苗、栽植等	使用时应全面检查有关零部件确保安全使用
11	运输车	运苗、清理场地	使用前应全面检查才能使用。使用后应检查零件松动情况及时维修，保证安全使用
12	推土机、反铲机、手推车	整地、运苗、清理场地	使用前应全面检查才能使用。使用后应检查零件松动情况及时维修，保证安全使用

单元1　园林常规树木栽植与养护

知识目标　了解园林树木栽植与养护的有关概念。理解常规树木移栽养护的基本原理。

能力目标　会使用和维护园林树木移栽与养护的一般器具，熟练掌握常规园林树木（包括竹子）的移栽与养护的基本操作技能。

园林树木的栽植是一个系统的、动态的操作过程，是园林绿化工程栽种树木的一种作业。广义的栽植包括起苗、装运、定植。园林树木的养护就是保持园林树木正常生长发育所采取的一切管理措施。

项目1　常规树木的移栽与成活前的养护

学习目标

1. 会使用移栽与养护工具，并对移栽与养护工具进行正确维护保养。

2. 能根据园林种植设计要求，对不同种类的园林常规树木进行正确移栽，移栽环节合理，操作流程正确，保证养护成活。

【项目导入】

一般园林树木栽植的规格包括常规树木和大树。常规树木的栽植与养护就是除大树以外的园林树木的移栽与养护。移栽与养护设备准备见表0-2。

【学习任务】

1. 项目任务

本项目主要任务是完成园林常规树木的移栽与成活前的养护。学会移栽与养护方法，能够操作移栽养护流程，最终达到园林验收标准。

2. 任务流程

具体学习任务流程见图1-1。

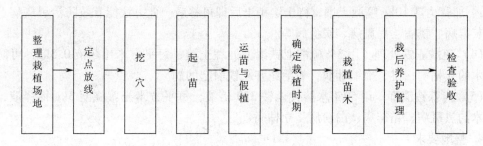

图1-1 园林常规树木移栽养护任务流程

【操作要点】

主要的操作过程是完成上面任务流程图中的各项任务。我们对各项任务进行逐个学习和操作，最终完成园林常规树木移栽与养护的整个过程，形成符合景观要求的产品。

任务1 整理栽植场地

1. 栽植前准备工作

绿化工程施工的主要依据是有关部门批准的文件和规划设计图。施工单位应熟悉设计的指导思想、设计意图、图纸和质量的要求等，属于招投标的工程，尚应熟悉施工合同的施工范围和内容、工程量清单、质量目标、投资控制等内容。

施工组织设计是全面安排园林绿化工程施工的技术经济文件，是指导施工的主要依据。做好施工组织设计需要贯彻技术法规，从施工全局出发，做好施工部署，选择施工方法和机具，合理安排施工程序，确定进度计划及各种资源需要量计划，规划施工现场的平面和空间，提出组织、技术、质量、安全、节约等各项技术经济措施。

施工人员了解设计意图及组织有关人员到现场勘查。一般包括：现场周围环境、施工条件、电源、水源和地下水位、土源和地下管道、道路交通、堆料场地、生活设施的位置，以及市政、电信应配合的部门和定点放线的依据。如有不符之处和需要说明的问题时，应向设计方提出，以求商量后解决。

凡是遇有建筑、市政、绿化的综合工程时，为了避免绿地遭到破坏，应在建筑、市政及地下管线完工后，再进行绿化栽植，有利于巩固绿化成果。

2. 场地清理

人工清理绿化场地中的建筑垃圾、杂草植物等影响施工及树木成活率的垃圾，装车运至指定地点。

3. 土壤消毒与处理

（1）硫威纳消毒 用硫威纳35%水剂2.5kg/亩（1亩＝10000/15m^2＝666.7m^2），稀释至40~60倍溶液，用喷雾器均匀喷洒于土壤表面，然后使土壤完全湿润，以杀灭土壤中的真菌和线虫。

（2）福尔马林消毒 每平方米用福尔马林50ml加水10kg均匀地喷洒在地表，然后用草袋或塑料薄膜覆盖，闷10d左右揭掉覆盖物，使气体挥发，2d后可移栽。此方法对于防治立枯病、褐斑病、角斑病、炭疽病等效果很好。

（3）波尔多液消毒 每平方米用波尔多液（硫酸铜、石灰、水的比例为1:1:100）

2.5kg、加赛力散 10kg 喷洒土壤，待土壤稍干后即可移栽。此方法能有效防治黑斑病、斑点病、灰霉病、锈病、褐斑病、炭疽病等。

（4）硫酸亚铁处理 用 3%硫酸亚铁溶液处理土壤，每平方米用药液 0.5kg，可防治针叶花木的立枯病，桃、梅缩叶病，兼治花卉缺铁引起的病。

（5）代森铵消毒 用 50%水溶代森铵 350 倍液，每平方米土壤浇灌 3kg 稀释液，可防治苗木的黑斑病、霜霉病、白粉病、立枯病。

4. 整地要求

园林树木对土壤的要求是精耕细作，尤其是绿化用的土地，一般都不是熟地良田，更需要进行较彻底的深翻，深度应在 50cm 以上，以便疏松土壤，增加蓄水保墒的能力；否则树木无法扎根，影响成活。根据设计图纸，进行平整，整理出符合设计意图的地形地貌。按照沟植的要求整成水平沟，以利灌溉。种植地的土壤如果含有建筑废土及其他有害成分，以及强酸性土、强碱土、盐土、盐碱土、重粘土、沙土等，均应根据设计规定，采用客土或采取改良土壤的技术措施。

一般来说，草坪、地被根域层培育的土层最低厚度为 30cm，小灌木为 45cm，大灌木为 60cm，浅根性乔木为 90cm，深根性乔木为 150cm。

为了保证树木的良好生长，土壤 pH 值为 5.5～7.0 范围内或根据所栽植物对酸碱度的喜好而做调整。适宜植物生长的最佳土壤是矿物质 45%，有机质 5%，空气 20%，水 30%。

任务2　定点放线

按设计图纸要求整理好栽植场地后，应对栽植点或栽植区域进行定点规划放线。

1. 明确设计意图，了解栽植任务

园林树木栽植是园林绿化工程的一部分，技术人员必须对种植设计意图有深刻的了解，才能达到设计理想景观的要求。如同样是银杏，做行道树栽植应选雄株，并要求树体大小一致，配植时通常为等距对称；做景观树时选雌、雄株均可，树体规格大小可以不同，配植时可单株独赏，亦可三五棵栽植在一起，但需注意树冠发育空间。再者，应避免因树种混植不当而造成病虫害发生，如槐树与泡桐混植，会造成椿象等虫害的大规模发生。

2. 现场地形处理，定点测量放线

根据设计图纸对种植现场地形进一步检查核对，使栽植地与周边道路、设施等合理衔接，排水降渍良好，不符合要求的重新进行整理。根据图纸上的设计，在现场测出苗木栽植的位置和株行距，从而确定各树木的种植点。根据种植设计的要求，定点放线的方法如下：

（1）规则式栽植放线法 利用仪器、皮尺、测绳等工具以地面固定设施为准，如建筑的边界、园路的中心点或道牙为依据，按种植设计量出每株树木的位置，钉上木桩，上面写明树种名称、挖穴规格，要求做到横平竖直，整齐美观。

（2）自然式栽植放线法 根据种植范围的大小又分为：

1）网格法。如在较大范围内根据植物配置的疏密度先按一定的比例在设计图及现场分别打好方格，在图上用尺量出树木在某方格的纵横坐标尺寸，再按此位置用皮尺量在现场相应的方格内。

2）仪器测放法。利用经纬仪或小平板仪依据地上原有基点或建筑物、道路，将树木依照设计图上的位置依次定出每株的位置。

3）目测法。对于设计图上无固定点的绿化种植，根据设计的要求，目测现场进行定点放线，定点时应注意植株的生态要求并注意自然美观。

任务3 挖穴

1. 首先确定坑穴的规格

准备树木坑穴的大小和深浅应根据树木规格和土层厚薄、坡度大小、地下水位高低及土壤墒情而定。实践证明，大坑有利于树体根系的生长和发育，如胸径为5~6cm的乔木，土质又比较好，可挖直径80cm、深60cm的坑穴。一般乔木坑穴不小于1m³，灌木坑穴不小于0.5m³。风沙大的地区，大坑不利于保墒，宜小坑栽植。

灌木类种植穴规格见表1-1，落叶乔木类种植穴规格见表1-2，常绿乔木类种植穴规格见表1-3，绿篱类种植穴规格见表1-4。

表1-1　灌木类种植穴规格　（单位：cm）

冠　径	种植穴深度	种植穴直径
200	70~90	90~110
100	60~70	70~90

表1-2　落叶乔木类种植穴规格　（单位：cm）

胸　径	种植穴深度	种植穴直径	胸　径	种植穴深度	种植穴直径
2~3	30~40	40~60	5~6	60~70	80~90
3~4	40~50	60~70	6~8	70~80	90~100
4~5	50~60	70~80	8~10	80~90	100~110

表1-3　常绿乔木类种植穴规格　（单位：cm）

树　高	土球直径	种植穴深度	种植穴直径
150	40~50	50~60	80~90
150~250	70~80	80~90	100~110
250~400	80~100	90~110	120~130
400以上	100以上	120以上	180以上

表1-4　绿篱类种植穴规格　（单位：cm）

苗　高	种植方式（深×宽）	
	单行	双行
50~80	40×40	40×60
100~120	50×50	50×70
120~150	60×60	60×80

2. 开挖坑穴

在栽植穴位置和规格确定之后，以所定的灰点为中心沿四周向下挖掘，把表土与底土按统一规定分别放置，并不断修直穴壁达规定深度与宽度，使穴保持上口沿与底边垂直，大小一致，切忌挖成上大下小的锥形或锅底形，一般应比规定根幅范围或土球大小加宽放大20～100cm，加深10～40cm，这样栽植树木才能保证树木根系的充分舒展，栽植踩实不会使根系劈裂，卷曲或上翘，保证园林树木的正常生长发育（见图1-2）。

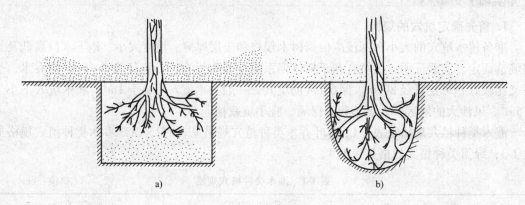

图1-2 种植穴的要求

a）正确的种植穴（穴壁垂直地面，栽植深度合适，树根舒展）

b）不正确的种植穴（树穴成锅底形，根系卷曲，栽植过深）

任务4 起苗

栽植时起出苗木的质量好坏会直接影响苗木后期栽植的成活率，因此在起苗前应做好有关准备工作，按照起苗的操作规程认真进行，苗木起出后作适当处理和保护。

1. 选苗

在起苗之前，按设计要求到苗圃选择合适的苗木，并做好标记。苗木除符合设计的规格和树形的要求外，还必须注意选择生长健壮、无病虫害、无机械损伤、树形端正、根系发达的苗木，所选数量应略多于设计要求数量，以便补充损坏淘汰之苗。对于大规格的乔、灌木，最好选择经过断根移栽的树木，这样苗木易成活。

2. 起苗时间

最好在苗木休眠期，生理活动微弱时起苗，并且和栽植时间紧密配合，做到随起随栽。

3. 起苗方法

起苗前在1～2d内应对苗圃地灌水一次，根据苗木带土与否，分为裸根起苗和带土球起苗两种方法。

（1）裸根起苗 落叶乔木以干为圆心，按胸径的4～6倍为半径（灌木按株高的1/3为半径定幅）画圆，于圆外绕树起苗，垂直挖下至一定深度，切断侧根，然后于一侧向内深挖，适当按摇树干，探找深层主根的方位，并将其切断，如遇粗根，掏空四周土层用手锯锯断，切忌强按树干和硬切粗根，造成根系劈裂，根系全部切断后再放倒苗木，轻轻拍打外围土块，对已劈裂主根、过长根、受伤根进行修剪，并及时处理好伤口；处理后用草袋包扎及时运走，准备栽植。裸根苗的起挖应注意根系的完整，尽量少伤根系。从掘苗到栽植，务必保持根部湿润，采用根系打浆方法，可提高移栽成活率达30%以上。浆水配比为：过磷酸钙1kg+细黄土7.5kg+水40kg，搅成浆糊状。

（2）带土球起苗 以干为圆心，以干的周长为半径画圆，确定土球的大小进行挖掘，土球的高度比宽度少 5~10cm，土球的形状可根据施工方确定挖成方形、圆形或长方的半球形，但是应注意保证土球完好，土球要削光滑，包装要严，草绳要打紧不能松脱，土球底部要封严不能漏土。泥团土球的包装方法应随植株的大小、泥团土质的紧松程度以及运途的远近不同而定。小苗、粘土、直径在 30cm 以下的小土球和近距离运途的可用草绳或塑料布做成简易的井字包或五角包；如黄杨类须根多而密的灌木树种，在土球较小时也不会散裂。大苗、松土、远距离运途的则应该选用较为复杂和牢固的网络包。如土球较大使用蒲包包装时，只需用草绳稀疏捆扎蒲包，栽植时剪断草绳撤出蒲包物料，以便新根萌发，吸收水分和营养。无论采用何种包装方法，首先要打好腰箍。打腰箍的方法是：用一根长约 10cm 的枝桩，打入土球中上部适当位置，然后将草绳的一头在枝桩上扎紧打圈，同时用木槌锤打草绳，使草绳嵌入土球表层，不使其松散脱落；各圈的草绳间应紧密相连，不得留有空隙，至于草绳的圈数亦即腰箍的宽度应视土球的大小而定，一般 5~8 圈即可。腰箍打好后，土球表面的无根表土必须削去。土球下部底土也应该适当修削收缩，并用利铲切断伸入地下的主根，然后进行包装，包装方法有如下三种：

1）井字包。先将草绳的一端结在腰箍上，然后按照图1-3中的包扎顺序进行包扎。先由 1 拉到 2，绕过土球的下面拉到 3，再拉到 4，又绕过土球的下面拉到 5。这样包扎后就成为井字包。

2）五角包。先将草绳一端结在腰箍上，然后按照图1-4的包扎顺序进行包扎。先由 1 拉到 2，绕过土球底，由 3 拉上土球面到 4，再绕过土球底，由 5 拉到 6，如此拉紧包扎即成五角包。

3）网络包。方法同前，也是先将草绳的一端结在腰箍或主干上，再拉到土球边，依图1-5的包扎顺序由土球面拉到土球底，从正对面再绕上来，在土球面绕过主干，又绕到土球底……如此连续包扎拉紧，直到整个土球均被草绳交叉包扎，就形成了网络包。

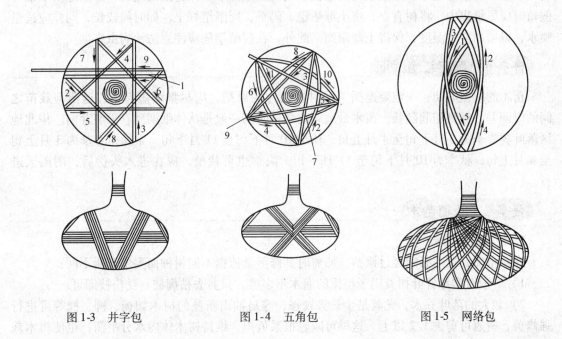

图1-3 井字包　　　　　　　图1-4 五角包　　　　　　　图1-5 网络包

苗木包装好后，应慢慢推倒或拉倒在地，准备装运。如当天不能装运，必须用草包或草帘等物覆盖好土球，使根系保持湿润状态。

任务5 运苗与假植

1. 运苗

苗木在运输过程中容易引起苗木根系的吹干和磨损枝干、根皮，因此应注意保护，苗木的装车、运输、卸车、假植等各项工序都要保证树木的树冠、根系、土球的完好，不应折断树枝擦伤树皮和损伤根系。运输时间最好选择夜间，同时在运输过程中应做好防晒、防冻、防雨、防风和防盗等工作。为提高栽植成活率，运输过程中也可采用湿草覆盖，以防根系风干。

（1）装车　装车前，车厢内应先垫上草袋等物，以防车板磨损苗木。装车时应清点树种和数量。苗木装车时，应排列整齐，根系向前，树梢向后，顺序安放，不要压得太紧，做到上不超高，梢不拖地，根部应用苫布盖平，并用绳捆好，专人跟车押运。

（2）运输　短途运输中途最好不停。长途运苗，应在裸根苗木装车前将苗木根系浸入事先调制好的浆水中然后取出，包好装车，中途洒水或覆盖，以有效地保护根系不被风吹干，保证成活。带土球苗运输时，苗高不足2m的可立放，苗高为2m以上的应使土球在前，梢向后，呈斜放或平放，并用木架将树冠架稳、装紧、垫牢，以防开车时晃动。

（3）卸车　苗木运到栽植地，应及时验收。卸车时要轻搬、轻放，保证苗木根、叶和土球的完整，切忌土球破裂。

2. 假植

苗木运到现场，如不能及时栽植，裸根苗木可以平放地面，覆土或盖湿草即可，也可在距栽植地较近的阴凉背风处，事先挖好宽1.5～2m，深0.4m的假植沟，将苗木码放整齐，逐层覆土，将根部埋平。如假植时间过长，则应适量浇水，保持土壤湿润，带土球苗木临时假植时应尽量集中，将树直立，将土球垫稳、码平，周围培好土，如时间较长，同样应适量喷水，以增加空气湿度，保持土球湿润。此外，在假植期还应注意防治病虫害。

任务6 确定栽植时期

苗木的栽植时期，一定要遵循"适时适栽"的原则，应尽量缩短起苗、运苗与栽苗之间的时间差，做到随起随栽。苗木最适宜的栽植时期一般是从休眠期到春天萌芽前。华北地区落叶树春季为3月下旬至4月上旬；秋季10月下旬至11月下旬。常绿树春季为3月上旬至4月上旬；秋季为10月下旬至11月下旬；雨季也可栽植，应在进入头伏后，阴雨天进行。

任务7 栽植苗木

1. 栽植前的修剪

在栽植前，苗木必须经过修剪。修剪时其修剪量依据不同树种而要求有所不同：

1）一般对常绿针叶树及用于植篱的灌木不多剪，只剪去枯病枝，受伤枝即可。

2）较大的落叶乔木，尤其是生长势较强、容易抽出新枝的树木如杨、柳、槐等可进行强修剪，树冠可剪去1/2以上，这样可减轻根系负担，维持树木体内水分平衡，也使树木栽后稳定，不致招风摇动。

3）花灌木及生长较缓慢的树木可进行疏枝，短截去全部叶或部分叶，去除枯病枝、过密枝，对于过长的枝条可剪去 1/3～1/2，另外修剪时要注意分枝点高度，灌木的修剪要保持自然树形，短截时应保持外低内高。

4）树木栽植前，还应对裸根苗木的根系进行适当修剪，主要将断根、劈裂根、病虫根和过长的根剪去，修剪时剪口应平而光滑并及时涂抹保护剂以防水分蒸发、干旱、冻伤及病虫危害。

2. 栽植方法

（1）配苗　苗木修剪后，按照设计的要求确定栽植的位置，检查树穴没有塌落的情况下，按穴边木桩写明的树种配苗，做到"对号入座"进行配苗。

（2）施基肥

1）基肥种类。有机肥、复合肥、有机复混肥等。

2）带土球苗木基肥用量见表1-5。

表1-5　带土球苗木基肥用量表

土球直径/cm	10	20	30	40	50	60	70	80	90	100	110	120
基肥量/kg	10	20	30	50	65	80	90	100	150	180	220	250

3）裸根苗木基肥用量。小规格苗木 $1～1.5kg/m^2$，大规格苗木 $5～10kg/m^2$。

4）施肥方法。与表土混匀，回填树穴底部，再覆盖深20cm的表土，与新栽根系隔离，以防肥料烧根。

（3）栽植

1）裸根苗木栽植。一般两人为一组，在表土放入穴底肥料，堆成小丘状后，放苗入穴，比试根幅与穴的大小和深浅是否合适，并进行适当修理至合适。栽植时，一人扶正苗木，一人先填入碎的湿润表层土，约达穴口1/2时，轻提苗，使根系呈自然向下舒展，不卷曲，然后踩实，继续填满穴后，再踩实一次，最后盖上一层土与地面相平，使填土与原根茎痕相平或略高3～5cm；然后用剩下的底土在穴外缘筑灌水堰。对片植、群植的地块可在其周围筑堰。灌水土堰高10～15cm，堰应筑实不得漏水。

2）带土球苗木栽植。先量好挖坑穴的深度与土球高度是否一致，对坑穴作适当填挖调整后，再放苗入穴。在土球四周下部垫入少量的土，使树直立稳定，然后剪开包装材料，将不易腐烂的材料一律取出。为防止栽后灌水土塌树斜，填入表土至一半时，应用木棍将土球四周砸实，再将土填至满穴并砸实。注意在砸实过程中不要损坏土球，并做好灌水堰。

3）树体裹干（见图1-6）。常绿乔木和干径较大的落叶乔木，栽植后需进行裹干，即用草绳、蒲包、苔藓等材料严密包裹主干和比较粗壮的分枝。上述包扎物具有一定的保湿性和保温性；有时也采用塑料薄膜裹干，此法在树体休眠阶段使用，效果较好，但在树体萌芽前应及时撤去。因为，塑料薄膜透气性能差，不利于被包

图1-6　树体裹干与支架

裹枝干的呼吸作用，尤其是高温季节，内部热量难以及时散发而引起的高温，会灼伤枝干、嫩芽或隐芽，对树体造成伤害。树干皮孔较大而蒸腾量显著的树种如樱花、鸡爪槭等，以及大多数常绿阔叶树种如香樟、广玉兰等，栽植后宜用草绳等包裹缠绕树干高度达 1~2m，以提高栽植成活率。

4）立支柱。对于大规格的苗木为防灌水后土塌树歪或大风吹倒苗木，在栽植后应设支柱支撑，常用通直的木棍、竹竿作支柱，长度视苗高而异，以能支撑树的 1/3~1/2 即可，一般用粗 5~6cm 的支柱，支柱应于种植时埋入，也可栽后打入土 20~30cm 即可，但应注意不要打在根上或损坏土球，立支柱的方式大致有单支式、双支式和三支式三种（见图1-7）。支法有立支和斜支。立支柱时应注意在支柱与树的捆绑处，既要捆紧又要防止日后摇动擦伤干皮，捆绑时树干与支柱间应用草绳或棉布隔开后再绑，只有这样才能保证树木的正常生长发育。

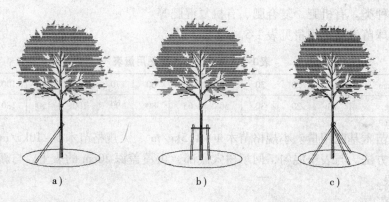

a）　　　　　　　b）　　　　　　　c）

图1-7　立支柱的方式
a）单支式　b）双支式　c）三支式

3. 栽植时的注意事项

1）整个栽植程序应密切衔接，做到随起、随运、随挖、随栽和随养护。苗木起运到栽植地后不能及时栽植，应采取保护措施，如覆盖、喷水和假植等。

2）苗木在栽植过程中，如遇到恶劣性天气，应暂停栽植，并对苗木采取临时保护措施，如覆盖等。

任务8　栽后养护管理

1. 水分管理

苗木栽植后的 24h 内必须浇头遍水。水一定要浇透，使土壤充分吸足水分，树根与土壤紧密结合，以利于根系发育，力保成活，浇水时防止冲垮水堰，水渗入土壤后，应将歪斜树木扶直，注意树干四周泥土是否下沉式开裂，如有这种情况应及时对塌陷、开裂处加土填平踩实，为了保墒，应及时进行中耕松土。对于常绿阔叶不耐干旱树种必须每周在叶面上喷水 1~2 次保湿。浇水时间，夏季应在早晚，冬季在中午。

2. 土壤管理

在成活前一定要防积水，做好排水系统。要及时封好水堰，封堰时要使泥土略高于地面，有利于防风、保湿和保护根系。在成活前要保持土壤处于湿润状态。雨后如有积水应及时排除。

3. 修剪

花灌木栽植后还应疏剪干枯枝，短截折坏、碰伤枝，适当回缩多年生枝，以促使新枝萌发，以弥补栽植前修剪的不足。绿篱栽植后，要拉线修剪，做到整齐、美观。修剪后及时清理现场。

4. 病虫害预防

定期检查树木的病虫害，做到以预防为主，及时控制病虫害的发生，保证树木的苗壮成长。

5. 其他措施

对于难成活的树木或非栽植季节栽植的树木，必须根据季节采取遮阳防晒、防寒、防冻等措施，以保证成活。同时应防人为践踏、碰撞和折伤等影响树木生长的行为，在不影响景观的前提下，可在树木周围设置栏杆围护。

任务9　检查验收

1. 验收项目

检查验收应在栽植过程中按任务流程逐个进行，主要验收每个任务中栽植环节是否到位、苗木栽植是否规范、种植是否达到设计标准、种植的植物材料的整形修剪是否符合设计要求等，应做到每个环节随完成随验收，不能拖拉，以免影响成活。

2. 成活率的验收时间

新种植的乔木、灌木、攀缘植物，应在一年生长周期满后方可验收。具体验收要求是：乔、灌木的成活率本地树种应达到95%以上，外地引种应大于90%。珍贵树种和孤植树应保证成活；强酸性土、强碱性土及干旱地区，各类树木成活率不应低于85%；检查验收后如发现没有成活的树种应及时补植。补植树木应选择原来树种及规格，如需改变树种及规格，应征得有关部门同意。

3. 工具和设备的用后维护

移栽任务完成后，必须对所有使用过的工具和设备进行检修与维护保养。

【问题探究】

1. 与本项目有关名词概念的理解

（1）起苗　就是将要移栽的树木从生长地连根掘起的操作过程。

（2）装运　是将起出的树木，运到栽植地点的过程。

（3）定植　是按园林设计规范化的要求将树木栽入树穴内不再移动的操作过程。

（4）假植　如果树木运到目的地后，因故不能及时栽植，需"假植"，也就是树木根系用湿润土壤进行临时性的埋植过程。

（5）主干　就是树木的根茎到分枝点的高度。

（6）客土　就是将栽植地点或种植穴中不适合种植的土壤更换成适合种植的土壤，或掺入某种基质改善土壤的理化性质。由于绿化对种植土的要求较高，所以对种植用土要换上含有丰富有机质、肥沃、排水性能较好的土壤。

（7）胸径　是指树木的胸高直径，即在距地面大约1.3m高处的树干直径。

（8）抽条　指树体因失水后部分枝条干缩、枯死的现象。

（9）断根移栽苗　是指在苗圃内经过一次或者多次移植的苗木。它的优点在于因为有效吸收根在移栽的时候内缩，在起苗过程中，对树系的伤害较小，故移植成活率高，缓苗期短。

2. 苗木栽植前修剪的目的是什么？

其主要目的是为了减少水分的散发，保证树势平衡以保证树木成活。

3. 树体裹干的目的是什么？

树体经裹干处理后，第一，可避免强光直射和干风吹袭，减少树干、树枝的水分蒸发；第二，可贮存一定量的水分，使枝干经常保持湿润；第三，可调节枝干温度，减少夏季高温和冬季低温对枝干的伤害。

4. 新栽苗木越冬如何管理？

1）小灌木类。如金叶女贞、小叶女贞、红叶小檗、冬青、黄杨、小龙柏、美人蕉、南天竹、月季等可采取以下措施：

① 对苗木进行轻度修剪。

② 清除杂草，浅翻土地，给苗木根基部培土或培土墩，浇透防冻水。

③ 用麦秸、稻秸等粉碎后进行地面覆盖，第二年腐烂后变成肥料。

2）乔木和花灌木类。如雪松、白皮松、华山松、棕榈、西府海棠、垂丝海棠、紫叶李、碧桃、红叶桃、桂花、广玉兰、白玉兰、青桐、云杉、黑松等苗木可采取以下措施：

① 对苗木进行适度修剪。

② 清除杂草，中翻土地，给树根基部培土，浇透防冻水。

③ 用麦秸、稻秸、草绳等捆绑树干，起到保温御寒作用，较寒冷的地区，需要再在外面加一层塑料布。

④ 用地膜将树穴覆盖住，可提高地温和保持一定的湿度。

3）对一些苗木种植比较集中的地方，在不影响观赏效果的情况下，可用草苫子搭建挡风墙或用塑料布搭建温棚等。

5. 新栽树木成活率如何调查？

1）调查的目的。一方面是为了及时补植，不影响种植进度和绿化效果。另一方面是为了分析生长不良与死亡的原因，总结移栽经验，为以后的实践打下基础。

2）调查的时间。一是栽后约一个月左右，调查是否成活。二是在秋末，调查栽植成活率。因为新植树木是否成活，至少要经过第一年夏季高温干旱的考验才能判断，也是对栽后一个月调查的成活率一次经验积累。

3）调查的方法。对栽植数量大的，可以选择不同地段不同树种进行抽样调查；数量少的要全部进行调查。对已成活的树木和没有成活的树木要分别进行标记，撰写经验总结并分析原因最后上报存档。

【课余反思】

1. 如何进行非适宜季节树木的栽植与养护？

（1）非适宜季节栽植　在实际施工过程中往往由于工期限制或其他特殊要求，非栽植季节植树的情况时有发生。为了保证树木成活，要采取适当的技术措施。各类树木在反季节栽植必须带土坨，土坨直径为胸径的 6～10 倍，除带土坨外，浇水次数要较正常栽植增多，枝叶视品种进行不同程度的短截。通过喷洒发芽抑制剂和蒸发抑制剂，抑制发芽减少叶面蒸发水分。浇水时可混入发根促进剂，促进发根。超过壮年的老树、贵重的大树或生长不太好的树，如果时间允许，最好做断根处理。最理想的是第一年春季断根，第二年春季或第三年春季栽植。断根后减少枝叶数量，增加断根处须根数量，促进成活，栽植时在阴天或遮光条件下有利成活。

（2）非适宜季节栽植树木采取的措施

1）进行较强修剪，但至少应保留枝条的1/3。

2）可摘除大部分叶片，勿伤及幼芽。

3）栽植后需经常浇水和喷雾，夏季应在早、晚进行。

4）栽后应裹干保护，必要时给予遮阳，冬季栽植注意防寒。

2. 抗蒸腾剂在树木栽植上如何使用？

为了提高栽植成活率，必须保证地上与地下水分代谢的相对平衡。为了达到这种相对平衡，可在树木栽植后使用抗蒸腾剂，能有效地减少叶片水分的蒸发，尤其对常绿树使用效果更加明显。

（1）国外的抗蒸腾剂有三种主要类型 以抗树木蒸腾作用机理为主的薄膜形成型、气孔开放抑制型和反辐射降温型的化学药剂。现在生产上常用的抗蒸腾剂是薄膜形成型的药剂，其中有各种蜡制剂、蜡油乳剂、塑料硅胶乳剂和树脂等。

（2）抗蒸腾剂使用注意的问题

1）严格按照使用说明进行浓度配制。

2）喷洒过抗蒸腾剂的树木栽植后仍需浇水，但可减少浇水的次数。

3）常绿树必须在冰点以上的气温下喷洒。

4）使用过某些抗蒸腾剂（如 Wilt-Pruf）的喷雾器必须立即用肥皂水冲洗干净，否则会堵塞喷嘴和其他部件。未使用完的抗蒸腾剂及喷雾器必须贮藏在不结冰的地方。

5）使用过抗蒸腾剂的树木在栽植时，其他方面要求不能降低，否则也会影响成活率。

3. 如何理解树木的寿命？

世界上寿命最长的生物就是树木。树木中寿命最长的是乔木，其次是灌木和藤本。乔木中因种类不同，寿命长短差异很大；一般针叶树的寿命比阔叶树长；松、云杉、落叶松寿命可达 250～4400a，红松可达 3000a，巨杉可达 4000a 以上；栎树可达 400～500a，山杨、桦木通常为 80～100a。乔木年龄的测定用数木质部年轮来确定；有些树种也可从树皮年轮测定；热带常绿树不形成年轮，测定年龄较困难。灌木的年龄较难测定，至今也没有什么好办法；因为灌木的根茎通常分蘖性强，逐代更替，不能以个别茎的年龄代替灌丛的年龄，它们的年龄应该是积累的。

【随堂练习】

1. 栽植场地如何准备？

2. 栽植前怎样挖穴？

3. 常绿树与落叶树起苗有何不同？

4. 运苗和假植时应注意的问题有哪些？

5. 常规树木如何进行栽植？

6. 树木栽植后成活前养护管理措施有哪些？

7. 树木栽植后如何检查验收？

项目2 常规树木成活后的养护管理

【项目导入】

在园林绿化施工过程中植物种植工作完成以后，接着就要对植物进行养护管理。养护是根据不同绿化植物的生长需要和某些特定要求，及时对植物采取如施肥、灌水、中耕除草、修剪、防治病虫害等技术措施，以确保其能够正常生长。所以，人们形容植物的种养关系是"三分种植，七分养护"。这说明绿化养护在园林绿化施工过程中占有重要地位，它是园林绿化施工项目顺利完成的关键。

1. 园林绿化养护工作具有其特殊性、复杂性、长期性、科学性和艺术性

1）植物是有生命的物体，因而养护工作具有其特殊性。绿化苗木移栽后，植物根部受损，水分代谢失去平衡，因此植物养护过程也是植物根部水分代谢功能恢复的过程，是植物成活生长的关键阶段。另外，植物品种丰富多样，其生理习性也各不相同，对光照、土壤、水分、气温等生活环境要求各异，因此养护工作特殊且重要。

2）绿化植物栽植环境的复杂性。特别是老城市的土壤结构复杂，地下建筑垃圾、生活污水、地上废气、烟尘、气候环境变化、人的活动状况等都在很大程度上影响着植物的生长。

3）园林绿化植物养护的长期性。绿化植物要经历春、夏、秋、冬四季的养护阶段，不同季节养护的重点不同，加大了养护工作的长期性。

4）园林绿化养护是一门综合性工作。养护程序和技术规范十分复杂，而且非常严格。养护必须在了解植物生长发育规律的基础上，根据植物的生物学特性需要，并结合当地的具体环境条件，采取一整套科学养护方法，才能发挥园林植物的综合功能和生态效益。

5）园林绿化养护是一门造型艺术。园林植物丰富多彩，千姿百态，其一草一木，与建筑、水景、山石等相结合才能创造出不同风格的园林景观。"山重水复疑无路，柳暗花明又一村"，园林植物栽种施工时不可能完全达到这种意境。但按照园林植物景观设计图，运用各种养护技术措施进行植物栽种后的艺术造型，不仅有助于植物生长，而且还能达到较好的景观效果。

2. 绿化养护工作是实现工程项目质量、成本目标的关键

1）园林绿化养护的好坏，直接影响工程项目的施工质量。通过养护使植物健康生长，才能真正达到设计者的创作意图，起到锦上添花的作用。

2）绿化植物材料及施工过程中投入的人工、机械、肥药等费用构成项目直接成本。如果养护失控、失管，植物势必生长不良，企业就会因工程质量不合格而进行补植和赔付，这样就增加了企业成本。

总之，园林绿化施工过程中养护工作不是可有可无的。要保证绿化种植施工的质量：首先，要建立健全园林绿化养护施工工作责任制，项目经理要亲自抓养护工作。其次，在制定园林绿化工程组织设计时，养护计划要分项进行，做到全面、具体、切实可行。第三，养护工作要做到人、财、物"三落实"，配备一定的专业技术人员，养护所需的肥、药等材料充足，工具、机械设备到位。第四，严把质量关，做到计划、安排、检查"三结合"，查漏补缺，杜绝质量事故的发生。第五，随时掌握气候变化的情况，遇到新问题、新情况，及时研究，调整计划，采取必要措施。

3. 园林树木养护的一般标准

1）树体枝繁叶茂，生长健壮，无病虫害。

2）不同种类树形、绿篱丰满、美观，达到园林设计景观要求。人、畜、机械、车辆对树木有极少损坏现象。

3）高大乔木不与架空线发生干扰，分枝较高，无阻挡车辆、碰伤人头、妨碍司机视线现象。

4）必须经常保持树木周围地面土壤疏松、通气、树基部无杂草和堆积污染物现象。

4. 园林树木养护工具准备（见表0-2）

【学习任务】

1. 项目任务

本项目主要任务是完成常规树木成活后的养护与管理。学会养护与管理方法，保证树木符合养护的质量标准。

2. 任务内容

具体学习任务见图1-8。

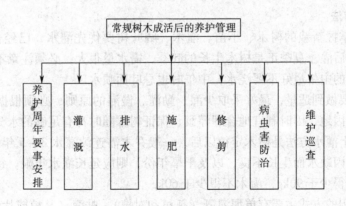

图1-8 常规树木成活后的养护任务安排

【操作要点】

主要的操作过程是完成上面养护任务图中的各项任务。我们对各项任务进行逐个学习，最终完成常规树木成活后的养护整个项目，最终形成符合设计要求的景观产品。

任务 1　园林树木养护周年要事安排

园林常规树木周年养护要事安排因季节而定，具体安排见表1-6。

表1-6　园林常规树木养护周年要事安排

季节	具体时间	养护管理重点
春季	3月、4月	①灌春水：树木发芽时需要大量的水分，在土壤解冻后应及时大量地灌水，满足树木生长的需要，可防春寒；②施肥：春季土壤解冻后，要陆续给树木施用有机肥料，以改善土壤的营养条件，保证树木的生长需要；③病虫预防；④修剪：在冬季整形修剪的基础上进行复剪，并适时进行抹芽、去蘖；⑤拆除防寒物；⑥中耕除草：土壤解冻后要及时中耕，改善土壤的通气条件；⑦补植缺株；⑧维护巡查
夏季	5月、6月	①灌水；②病虫防治；③施肥：根据需要追施氮肥，可以根灌，也可以叶面喷肥；④修剪：以剥芽、去蘖为主；⑤除草；⑥维护巡查
夏季	7～9月	①病虫防治；②中耕除草；③施肥：除氮肥外，根据需要追施磷、钾肥料；④汛期及时排水防涝；⑤修剪：雨季前，将过于高大的树冠，适时疏稀、截短，可增强抗风能力，配合架空线修剪；⑥扶直：汛期对发生倒歪倾斜的树木及时扶正，进行养护管理；⑦维护巡查；⑧补植常绿树：利用雨季补植常绿树、竹子等的缺株
秋季	10月、11月	①灌冻水：落叶后到土壤封冻前灌足水，然后及时封堰；②防寒：冬季需采取不同措施防寒，以保安全越冬；③施底肥：落叶后，封冻前施有机肥作底肥；④病虫防治；⑤补植缺株（以耐寒树种为主）；⑥维护巡查
冬季	12月、次年1月、2月	①整形修剪：除常绿树木和一些冬季不宜修剪的树木，其他树木应在休眠期作一次修剪；②防虫：用挖蛹虫、刮树皮等方法消灭各种越冬虫源；③积雪：下雪时，及时堆雪于树根处，以增加土壤水封，可以使树木安全越冬；④维护巡查

任务 2　灌溉

1. 灌溉的方法

1）首先应掌握新栽的树木、小苗、灌木、阔叶树要优先灌水，已经长期定植的树木、大树、针叶树可后灌。夏季正是树木生长的旺季，需水量很大，必须注意不能缺水；但阳光直射、天气炎热的中午最好不要浇水，中午时也忌叶面喷水。

2）灌溉时要做到适量，最好采取少灌、勤灌、慢灌的原则，必须根据树木在四季生长的需要，因树、因地、因时制宜地合理灌溉，保证树木随时都有足够的水分供应。

3）现生产上灌水方法是树木定植以后，一般乔木需连续灌水3～5年，灌木最少5年，土质不好或树木因缺水而生长不良，以及干旱年份，则应延长灌水年限。每次每株的最低灌水量——乔木不得少于90kg，灌木不得少于60kg。

4）灌溉采用的方式主要有单堰灌溉（孤植和对植）、畦灌（丛植或片植）、喷灌（喷叶面和树干）、滴灌（绿篱）等。

2. 灌溉的质量要求

1）灌水堰应开在树冠投影的垂直线下，不要开的太深，以免伤根。

2）水量充足。

3）水渗透后及时封堰或中耕，切断土壤的毛细管，防止水分蒸发。

3. 不同季节浇水应注意的问题

（1）冬季浇水　在北方地区，冬季严寒多风，可于入冬前浇一次透水，即冬水；冬末时节气温回升较快，加之春季风大，此时给树木浇一次透水，即春水。这两次水都有使树木免受冻害和枯梢的作用。防冻水是在入冬前和早春严寒时期浇施的，目的是防寒，因为水的比热大，白天温度较高时可以吸收大量热能，但温度上升却不多，不会使根系土壤温度剧烈上升，晚上降温结冰时，可散出大量的凝结热，提高根系周围的土温，因此树木根系的温度处于较稳定的范围内，不会受冻。此外，冬末浇水还可为树木春季发芽生长提供充足的水分。

（2）春季浇水　春季浇水应防浇水过晚或不足。春季气温回升快但不稳定，早春浇水可以有效降低低温，延缓树木发芽，以免遭受晚霜和倒春寒的危害。如果浇水过晚，则起不到防寒、防冻的作用。因此，浇水宜早不宜晚，华北地区一般在3月初为宜。此外，还应视土壤墒情和天气情况来浇水，一般可浇水2~3次。

（3）夏季浇水　夏季浇水一般在上午9点前和下午4点后进行，每周4~6次，浇水量为土壤10~15cm深度湿润为标准，一次浇透。对于名贵树木及新种植树木，视天气干旱情况和树木本身情况，还要对树干和树体进行喷洒。

任务3　排水

土壤含水过多，造成树木生长不良甚至死亡。不同树种、不同年龄、不同长势以及生长条件的不同，树木对水涝的抵抗能力会有所不同。常用的排涝方法有：

1. 地表径流

整地时将地表坡度控制在0.1%~0.3%，不留坑洼死角。

2. 明沟排水

整地时规划好明沟，适用于大雨后抢排积水。

3. 暗沟排水

整地时采用地下排水管线并与排水沟或市政排水相连，但造价较高。

任务4　施肥

1. 施肥方法

施肥可分为基肥和追肥两种。基肥多选用有机肥或复合肥，施用的方法有穴施、环施和放射状沟施等（见图1-9），一般于树木休眠期施入。追肥一般用化肥或菌肥，施用的方法有根施法和根外施法，于树木生长期施入。

穴施　　　　　　　　环施　　　　　　放射状沟施

图1-9　施肥方法

2. 施肥要点

1）有机肥料要充分发酵、腐熟，化肥必须完全粉碎成粉状。施肥后必须及时适量灌水，使肥料溶解稀释，否则土壤溶液浓度过大对树根不利。基肥因发挥肥效较慢应深施，追肥肥效较快，则宜浅施，供树木及时吸收。

2）根外追肥最好于傍晚喷施。叶面喷肥是通过气孔和角质层进入叶片，而后运送到各个器官，一般幼叶较老叶吸水快，叶背较叶面吸水快，吸收率也高。所以实际喷洒时一定要在叶背上喷匀，喷布到位，使之有利于树干吸收。叶面喷肥要严格掌握浓度（一般为3‰～5‰），以免烧伤叶片，最好在阴天或上午10时以前和下午4时以后喷施，以免气温高，溶液很快浓缩，影响喷肥效果或导致药害。

3）施肥应注意问题。

① 由于树木根群分布广，吸收养料和水分全在须根部位，因此施肥要在根部的四周，不要靠近树干。根系强大，须根分布较深远的树木，施肥宜深，范围宜大，如油松、银杏、臭椿、合欢等；根系浅的树木施肥宜较浅，范围宜小，如法桐、紫穗槐及花灌木等。

② 应选天气晴朗、土壤干燥时施肥。阴雨天由于树根吸收水分慢，不但养分不易吸收，而且肥分还会被雨水冲失，造成浪费。

③ 沙地、坡地、岩石易造成养分流失，施肥要深些。氮肥在土壤中移动性较强，所以浅施渗透到根系分布层内，被树木吸收；钾肥和磷肥的移动性差，宜深施至根系分布最多处。

任务5 修剪

修剪是树木抚育管理的重要措施之一，通过修剪，能调节和均衡树势，使树木生长健壮、树形整齐、树姿美观，更重要的是能提高新移植树木的成活率。具体修剪方法参照单元4。

1. 冬季修剪方法

冬季修剪又称为休眠期修剪，一般在上冻前至第二年早春时进行，休眠期修剪一般可分为疏枝、短截、锯截大枝三种，应用哪种方法都应结合树木的生长习性和树木造型来修剪，修剪力度要根据树木的长势来确定。

（1）疏枝 在进行疏枝时，一定要注意剪口下的枝条长度不能超过0.5cm，否则就叫留橛，来年基部的倒芽就会萌发，结果是越剪越多，最终造成瘤状伤疤。正确的方法是用剪刀紧贴主干或根茎，将枝条一次性从根部剪掉。

（2）短截 短截时要根据树木的具体情况来确定短截量。重短截主要用于长势衰弱树木的复壮修剪；中短截是在枝条中上部饱满芽处进行短截，主要用于合轴分枝类的树木修剪及某些弱枝的复壮修剪；轻短截一般是轻剪枝条的顶梢，一般多用于花灌木的修剪。

（3）锯截大枝 锯截大枝是将无用或影响树形的较粗大枝条用锯将其锯掉。需要一提的是：不管对哪种树木修剪，都要将下垂枝、冗杂枝、过密枝、内向枝、病虫枝剪除掉，并根据树木的最佳造型来进行修剪，对于被锯截的大枝的伤口还要采取涂伤口保护剂等措施进行保护。

2. 生长期修剪方法

（1）抹芽 树木移植后，经过较大强度的修剪，树干、树枝上会萌发很多嫩芽、幼芽，影响树木生长，对此，在春季萌发时可用手摘除多余嫩芽。冬季修剪后，第二年春季，在枝干切口处又会萌发嫩芽，摘除后，以免主枝无力，树枝丛生交错。总之，在定干以下的枝芽尚未木质化之前应全部摘除，定干以上的无用芽也应摘除。

（2）**修剪** 修剪是指对苗木枝条或主干进行的短截。修剪时要根据苗木树形及生长发育的需要而进行。要剪去病虫枝、内膛枝、竞争枝、过密枝及萌蘖枝，剪口必须平滑，不劈不裂，过粗枝剪口必须涂抹保护剂。

（3）**整形** 对于偏冠的或树形不整齐的树木，对一侧生长太强的主枝或侧枝，可去大留小，或者截去强的领导枝，以向外的侧枝代替。如果因一面的枝条缺少造成偏冠，可以用绳索牵引两侧枝补其缺陷。作行道树的松类，在树长大后应提高分枝点，可将一轮几个主枝，隔一个去一个，待伤口初步愈合后再去掉其余几个。

任务6 病虫害防治

1. 病虫害的防治措施

1）适地适树。优先选用乡土树种，并对外来的树苗进行必要的检疫。

2）改善树体卫生环境条件，清除枯枝落叶，修剪枝叶，创造良好的生长发育条件。

3）除草施肥，注意不要在肥料中带来病虫源。

4）保护益虫、益鸟。以虫治虫，以鸟治虫。

2. 病虫害的防治

（1）**治虫方法** 主要有人工捕捉诱杀及喷药，使用药剂时应根据病虫的种类、生活习性，对症下药。

（2）**治病方法** 首先必须弄清病原、病史，然后采用相应的药剂。树木的病害一般有白粉病、花叶病、溃疡病、锈病等。喷药时应设立警戒区，以免人畜中毒。具体方法：

① 喷粉法。通过喷粉器械将粉状毒剂喷撒在植物或害虫体表面，使之中毒死亡，此法效率高，不需用水对植物药害也较小，缺点是毒剂在植物体上的持久性较小，用量大，较不经济。

② 喷雾法。利用溶液、乳剂或悬浮液状态的毒剂，借助喷雾器械形成微细的雾点，喷射在植物或害虫上。

③ 熏蒸法。利用有毒气体或蒸气，通过害虫的呼吸器官，进入虫体内而杀死害虫。

④ 毒草饵。利用溶液状或粉状的毒剂与饵料制成的混合物，然后撒在害虫发生或栖居的地方。

3. 及时除草

保持绿地整洁，减少病虫滋生条件，要及时除草；除下的杂草要集中处理，及时运走，可利用其堆制肥料。除草可与树盘周围松土、保洁同时进行。

任务7 维护巡查

为了免遭人为的破坏，重点地区应责任到人，定期巡视，及时发现问题及时处理。维护巡查内容如下：

1）汛期及时排水防涝，对发生倒歪倾斜的树木及时扶正，必要时应设支柱。对交通要口以防影响交通。加强树木的看管保护，以减少人为、机械的破坏。

2）利用春雨季补植常绿树缺株；利用反季节补植易成活的树种；利用秋冬季补植耐寒

树种。

3）对于城市绿化的行道树如高大乔木，应及时整形修剪，以防与城市上空各种线路发生冲突。

4）对于不同种类的树木在不同的季节会有病虫害的发生，要适时进行预测预报，发现病虫害，应及时防治。

5）洗尘。由于空气污染，裸露地面尘土飞扬等原因，树木的枝叶上多覆有烟尘，堵塞气孔，影响光合作用，在无雨少雨季节应定期喷水冲洗，酷热天气，应早晨或傍晚进行。

6）检修机械。冬季时期要抽空把一年内树木养护管理工作中所需要用的机械、车辆、工具检修、保养完备，以便来年使用。

【问题探究】

1. 什么是定干？

定干，乔木从地面至树冠分枝处即第一个分枝点的干的高度。

2. 城镇园林绿化地施肥与病虫防治应注意哪些问题？

城镇园林绿化地施肥，在选择肥料种类和施肥方法时，应考虑到不影响市容卫生，散发臭味的肥料不宜施用。病虫防治时也应使用对人和环境无污染的农药，禁止使用对人和环境有污染的各种化学药剂。

3. 怎样理解植被？

植被是某一地区内全部植物群落的总称。陆地表面分布着由许多植物组成的各种植物群落，如森林、草原、灌丛、荒漠、草甸、沼泽等，总称为该地区的植被。分为自然植被和人工（栽培）植被。

自然植被是出现在一地区的植物长期历史发展的产物。组成植被的单元是植物群落，某一地区植被可以由单一群落或几个群落组成，如长白山植被主要由森林群落组成，而华北植被则由森林、灌丛和草甸群落组成。植被是基因库，保存着多种多样的植物、动物和微生物，并为人类提供各种重要的、可更新的自然资源。

4. 植物伤口保护剂如何制作与使用？

1）涂白剂。用生石灰 4 份、动物油 0.5 份、水 20 份的原料配比。先把动物油加热溶化，生石灰用水化开，然后将三者混合，充分搅拌均匀即成。用于涂封伤口，也可用于树干、主枝涂白，能防止病虫侵染、日灼与冻伤。

2）牛粪、石灰涂剂。牛粪 16 份、熟石灰 8 份、河沙 1 份，混合后加水调匀成糨糊状即可使用。涂刷伤口及枝干，具有保护作用，能有效地防止病害的发生。

3）硫酸铜、石灰、豆油涂剂。硫酸铜粉末、熟石灰、豆油各 1 份。先将豆油加热煮沸，然后将硫酸铜和石灰加入热油中，充分搅拌成乳化状态即成。冷却后用于涂抹伤口，具有消毒、杀菌、防腐的效果，还防止日灼。

4）石灰、食盐制剂。生石灰 1.5kg，用 5kg 水溶解，加适量的油脂搅拌均匀，然后加入食盐与石硫合剂原液各 250g，充分搅匀即成。用于涂抹伤口，可消毒灭菌，防腐，除病灭虫，防止冻伤和灼伤。

5）氯化锌、酒精防腐剂。氯化锌 500g、酒精 500g、水 150g、浓盐酸 10g。先将盐酸倒入氯化锌和酒精，充分搅匀即可。用于涂刷伤口，可消毒防腐，保护伤口。

【课余反思】

园林树木物候观测

一、园林树木物候的概念

园林树木物候是研究树木的生活现象与季节周期性变化的关系；实质上是研究树木生长发育与环境条件的关系。园林树木物候观测是研究树木年周期的一个好方法，也是研究树种生物学特性和生态学特性的一种途径。

二、园林树木物候观测方法

1. 观测的目的与意义

掌握园林树木的季相变化，为园林树木种植设计，选配树种，形成四季景观提供依据。其次为园林树木栽培（包括繁殖、栽植、养护与育种）提供生物学依据，如确定栽植季节，树木周年养护管理（尤其是花木专类园），催延花期等。

2. 观测方法

园林树木物候观测法，应在与中国物候观测法的总则和乔灌木各发育时期观测特征相统一的前提下，增加特殊要求的细则项目如：为观赏的春、秋叶色变化以便确定最佳观赏期。

（1）观测的注意事项　在较大区域内的物候观测，众多人员参加时，首先应统一树木种类、主要项目（并立表格见表1-7）、标准和记录方法。所有参与人员必须经统一培训。

（2）观测目标与地点的选定

1）按统一规定的树种名单，从露地栽培或野生（盆栽不宜选用）树木中，选生长发育正常并已开花结实三年以上的树木。在同地同种树有许多株时，宜选3～5株作为观测对象。对属雌雄异株的树木最好同时选有雌株和雄株，并在记录中注明雌、雄性别。

2）选定的观测植株，应做好标记，并绘制平面位置图存档。

3. 观测时间与方法

1）一般按年进行，可根据观测目的要求和项目特点，在保证不失时机的前提下，来决定间隔时间的长短。那些变化快要求细的项目宜每天观测或隔日观测。冬季深休眠期可停止观测。一天中一般宜在气温高的下午观测。

2）要求近距离观察树木各发育期，不可远站粗略估计进行判断。一般选向阳面的枝条或上部枝（因物候表现较早）。高顶部用高枝剪剪下小枝观察；也可观察下部的外围枝。

3）观测记录物候观测应随看随记，不应凭记忆在事后补记。观测人员物候观测须责任心要强。人员要固定，不能轮流值班式观测。

三、园林树木物候观测项目与特征（见表1-7）

1. 根系生长周期

这一时期利用根窖或根箱，每周观测新根数量和生长长度。

2. 树液流动开始期

这一时期以从新伤口出现水滴状分泌液为准。如核桃、葡萄（在覆土防寒地区一般不易观察到）等树种。

表 1-7 园林树木物候期观测记录表

观测地点：　　　　地形：　　　　坡向：　　　　坡度：　　　　海拔：　　　　土壤种类：

观测项目	树种			
萌芽期	花芽膨大开始期 叶芽膨大开始期			
展叶期	展叶开始期 展叶盛期 春色叶变期			
开花期	开花始期 开花盛期 开花末期 最佳观花期			
果实发育期	幼果出现期 果实成熟期 果实脱落期			
新梢生长期	春梢始长期 春梢停长期 秋梢始长期 秋梢停长期			
秋叶变色	秋叶开始变色期 秋叶全部变色期			
落叶期	落叶开始期 落叶盛期 落叶末期 秋色叶观赏期 最佳观秋色叶期			

观测者：　　　　记录者：　　　　观测时间：　　　　年　月　日

3. 萌芽期

萌芽期是树木由休眠转入生长的标志。

（1）芽膨大始期　具鳞芽者，当芽鳞开始分离，侧面显露出浅色的线形或角形时，为芽膨大始期（具裸芽者，如：枫杨、山核桃等，不记芽膨大期）。

（2）芽开放（绽）期或显蕾期（花蕾或花序出现期）　树木之鳞芽，当鳞片裂开，芽顶部出现新鲜颜色的幼叶或花蕾顶部时，为芽开放（绽）期。

4. 展叶期

（1）展叶开始期　从芽苞中伸出的卷曲或按叶脉折叠着的小叶，出现第一批有 1～2 片平展时，为展叶开始期。不同树种，具体特征有所不同。针叶树以幼针叶从叶鞘中开始出现时为准；具复叶的树木，以其中 1～2 片小叶子展时为准。

（2）展叶盛期　阔叶树以其半数枝条上的小叶完全平展时为准。针叶树以新针叶长度达老针叶长度 1/2 时为准。有些树种开始展叶后，就很快完全展开，可以不记展叶盛期。

5. 春色叶呈现始期

这一时期以春季所展之新叶整体上开始呈现有一定观赏价值的特有色彩时为准。

6. 春色叶变色期

以春叶特有色彩整体上消失时为准，如由鲜绿转暗绿，由各种红色转为绿色。

7. 开花期

（1）开花始期　在选定观测的同种数株树上，见到一半以上植株，有 5% 的（只有一株亦按此标准）花瓣完全展开时为开花始期。

（2）开花盛期　在观测树上见有一半以上的花蕾都展开花瓣或一半以上的柔荑花序松散下垂或散粉时，为开花盛期。针叶树可不记开花盛期。

（3）开花末期　在观测树上残留约 5% 的花时，为开花末期。针叶树类和其他风媒树木以散粉终止时或柔荑花序脱落时为准。注意有的树种还有多次开花期。

8. 果实生长发育和落果期

这一时期自坐果至果实或种子成熟脱落止。

（1）果实观赏期　指从树体上的果实呈现出观赏价值到大部分果实脱落为止。

（2）果实着色期　指树体 50% 以上果实着色的时期。

（3）果实成熟期　指树体 50% 以上果实呈现成熟特征时即为果实成熟期。

9. 新梢生长周期

由叶芽萌动开始，至枝条停止生长为止。新梢的生长分一次梢（称春梢），二次梢（称夏梢或秋梢或副梢）；三次梢（称秋梢）。

10. 叶秋季变色期

由于正常季节的变化而引起叶子的变色，并且变色之叶在不断增多至全部变色为止。

11. 落叶期

这一时期观测树木秋冬开始落叶，至树上叶子全部落尽时止。

（1）落叶始期　约有 5% 的叶子脱落时为落叶始期。

（2）落叶盛期　全株约有 30%～50% 的叶片脱落时，为落叶盛期。

（3）落叶末期　树上的叶子几乎全部（约 90%～95%）脱落为落叶末期。当秋冬突然降温至零度或零度以下时，叶子还未脱落，有些冻枯于树上，应注明。

园林施工项目管理与项目经理

园林施工项目管理是园林施工企业对某项具体建设项目施工全过程的管理，目的是有效地完成施工项目的承包合同目标，使企业取得经济效益。项目经理是对施工项目管理实施阶段全面负责的管理者，承担实现项目管理目标的全部责任，对项目中人、财、物、技术信息等所有生产要素要进行管理，还要协调各方面的关系，在整个施工活动中起着决定性的作用。

1. 项目经理是合同履约的责任人

项目合同是规定承发包双方责权利的具有法律约束力的契约文件，是处理双方关系的主要依据，也是市场经济条件下规范双方行为的准则。项目经理是公司在合同项目上的全权委托代理人，此时项目经理应组织其他领导成员，特别是总工程师、总会计师、负责施工测量计算工程量的工程师、负责财务机械清关的人员及翻译等认真学习和研究合同文件，熟悉和理解除了技术规范外的合同条件。因为只有深入理解了合同文件，才能自觉执行和运用合同文件，保证合同的顺利实现。

2. 项目经理是项目计划的制订和执行监督人

为了做好项目工作，达到预定的目标，项目经理必须在事前制定周全而且符合实际情况的计划，包括项目总目标、项目工程施工方案、项目施工总进度、计划项目施工总质量、计划项目施工总成本、计划全场性施工准备工作计划等，并且监督各项计划的有效执行，做好施工过程中的动态控制管理，保证施工质量进度成本安全等目标的全面实现。

3. 项目经理是项目组织的指挥员

总承包项目管理涉及众多的部门专业人员和环节，如住宅小区的园林绿化工程项目，包括绿化园建水电及电气工程，是一项庞大的系统工程。为了提高项目管理的工作效率并节省项目的管理费用，要进行良好的组织分工，作为该绿化工程项目经理，首先建立项目经理部的组织架构，明确各架构人员的分工目标和要求，以项目经理为中心，层层分工，层层抓落实，并要充分发挥每个成员作用，确保绿化项目顺利完工。

4. 项目经理是项目控制的中心

在绿化工程项目中，项目经理必须制定完善的工程进度控制计划、工程质量控制计划、工程成本控制计划、安全生产控制计划，从而才能最大限度地保证工程的顺利推进，还能够按指挥部的要求如期完成了各个节点工程，并最终圆满完成，顺利通过竣工验收；而且在整个施工过程中不发生一起安全责任事故。项目经理在执行计划过程中要进行进展情况分析，采取纠正偏差的措施，保证项目正常运行，是项目的控制中心。

5. 总结

园林工程项目经理是公司法定代表人在园林工程项目中的全权代理人，对外代表公司与业主及分包单位进行联系，处理合同有关的重大事项；对内全面负责组织项目的实施，是园林施工项目的直接领导者和组织者。

【随堂练习】

1. 常规树木的周年养护如何安排？
2. 园林树木生长中如何灌溉与排水？
3. 园林树木生长中病虫害防治措施有哪些？
4. 园林树木生长过程中必须要时常进行维护巡查，才能保证生长健壮，其维护巡查的主要内容有哪些？

项目3　竹子的移栽与养护

学习目标

1. 能识别常见竹子种类，会根据竹子的不同种类在园林中正确应用。

2. 能根据园林设计要求，对不同种类的竹子进行正确移栽与养护，移栽养护方法准确，成活率高。

【项目导入】

1. 竹类的观赏和生态价值

（1）观赏价值　竹类形态优美，不同种类高矮、叶形、姿态、色泽各异，用作景致搭配效果理想。竹叶有软纸质的质感，常年绿意昂然。

（2）生态价值　竹子枝繁叶茂，叶面积指数比一般树种大，常年绿色，光合作用和净化空气能力比其他树种强，且吸附粉尘和有毒气体、降低气温和噪声等方面都有极强的作用。另外，竹林具有庞大的盘根错节的地下系统，水源涵养、水土保持、防风、防震能力强。

2. 竹类的认识

竹类属单子叶禾本科植物，竹子的分布很广，全球皆有生长，竹子喜爱生长在温暖潮湿的气候，因此主要分布在低纬度的热带或亚热带季风气候区。全球竹类计有65属1250种，我国是竹类资源最丰富的国家，素有"竹子王国"之称，目前有竹子500多种，竹林面积720万公顷，竹林种类、面积和蓄积量均居世界前列。

竹子和一般树木有很大的差异。竹子地上部分是由有节的竹秆、竹枝和竹叶组成。竹秆的基部连接地下茎，地下茎也分节。地下茎的节上的细长的根，称为须根，它才是真正的根部。

竹类植物属浅根性树种，鞭根系统横向发展，一般处于50cm土壤中，对城市的地下管道、线路等地下设施无影响，且竹子是常绿树种，不容易开花，无花粉传播，不影响环境，对有些不适宜种植深根性或环境要求较高的地区竹子有着不可替代的作用。

竹子年年更新，一次种竹，管理得当，可持续生长几十年，而景观依旧。种植密度大时竹子可以一次成景，密度小也只需3年即可成景，比许多树种成景快。

【学习任务】

1. 项目任务

本项目主要任务是完成一般种类竹子的移栽与养护管理过程。要求学会移栽养护方法和程序，保证栽植成活，养护符合要求。

2. 任务流程

具体学习任务流程见图1-10。

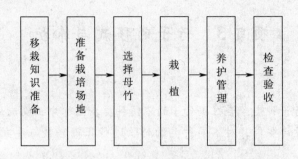

图 1-10　竹子移栽养护任务流程

【操作要点】

　　主要的操作过程是完成上面任务流程图中的各项任务。我们对各项任务进行逐个学习，最终完成竹子移栽养护的整个项目，而形成验收合格的产品。

任务1　竹子移栽基本技能

1. 竹子的分类

　　认识竹子的种类，是根据它的生长特点来鉴别的。主要是从它繁殖类型、竹秆外形和竹箨的形状特征来识别。根据竹的地下茎（竹鞭）的生长情况，竹分为以下三大类型（见图 1-11～图 1-13）。

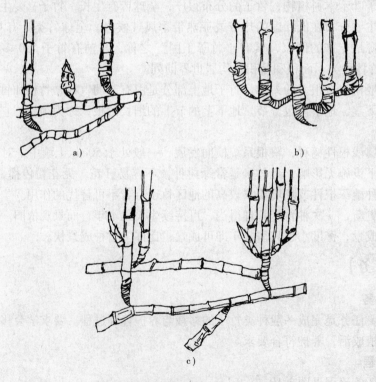

图 1-11　竹类植物的地下茎类型
a）单轴型　b）合轴型　c）复轴型

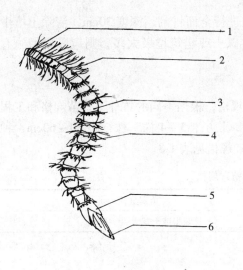

图 1-12　竹鞭（竹地下茎）的结构
1—鞭柄　2—鞭根　3—鞭身
4—芽　5—鞭箨　6—鞭梢

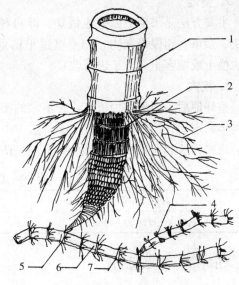

图 1-13　竹兜
1—杆茎　2—杆基　3—竹根　4—岔鞭
5—杆柄　6—主鞭　7—鞭根

单轴散生型：就是由鞭根（俗称马鞭子）上的芽繁殖新竹。如毛竹、斑竹、水竹、紫竹等。

合轴丛生型：就是母竹基部的芽繁殖新竹。民间称"竹兜生笋子"。如慈竹、麻竹、佛肚竹等。

复轴混生型：就是既由母竹基部的芽繁殖，又能以竹鞭根上的芽繁殖。如苦竹、棕竹、箭竹、方竹等。

2. 竹子的生态习性

竹类大都喜温暖湿润的气候，一般年平均温度为 12～22℃，年降水量 1000～2000mm。竹子对水分的要求，高于对气温和土壤的要求，既要有充足的水分，又要排水良好。散生竹类的适应性，强于丛生竹类。由于散生竹类基本上是春季出笋，入冬前新竹已充分木质化，所以对干旱和寒冷等不良气候条件，有较强的适应能力，对土壤的要求也低于丛生竹和混生竹。

丛生、混生竹类地下茎入土较浅，出笋期在夏、秋，新竹当年不能充分木质化，经不起寒冷和干旱，故北方一般生长受到限制，他们对土壤的要求也高于散生竹。

任务2　准备栽植场地

1. 竹林地选择

选择疏松、湿润、肥沃、土层深度达 50cm 以上，排水和透气性能良好的酸性、微酸性或中性沙质壤土或沙质土 pH 4.5～7.0 为宜。竹子生长要求土层深度 50～100cm（中小径竹 50cm 即可，大径竹如毛竹则要求 80～100cm），地下水位 1m 以下（毛竹）或 50cm 以下（中小径竹）。

2. 整地

主要方法是采用全面整地最好，即对种植地进行全面耕翻，深度 30cm，清除土壤中的石块、杂草、树根等杂物。如土壤过于粘重、盐碱土或建筑垃圾太多，则应采用增施有机肥、换土或填客土等方法进行改良。

3. 挖穴

整好地后，即可挖种植穴。种植穴的密度和规格，根据不同的竹种、竹苗规格和工程要求具体而定。在园林绿化种植上，一般中小径竹每平方米 3～4 株，株行距 50～60cm，种植穴的规格为长和宽各 40cm、深 30cm。一般竹类穴规格见表 1-8。

表 1-8　竹类种植穴规格

种植穴深度	种植穴直径
盘根或土球深 20～40cm	比盘根或土球大 40～60cm

任务 3　选择母竹

母竹质量对造竹质量影响很大。优质母竹种植容易成活和成林，劣质母竹不易栽活或难以成林。母竹质量主要反映在年龄、粗度、长势及土球大小等方面。

1. 母竹年龄及要求

最好是当年至两年生。因为当年至两年生母竹所连的竹鞭，一般处于壮龄阶段，鞭芽饱满，鞭根健全，因而容易栽活和长出新竹、新鞭，成林较快。老龄竹（3 年以上）不宜作母竹。要求母竹以生长健壮、分枝较低、枝叶繁茂、无病虫害及开花迹象为宜。

2. 母竹粗度

中径竹（哺鸡竹类、早园竹等）以胸径 2～3cm 为宜，小径竹（紫竹、金镶玉竹、斑竹等）以胸径 1～2cm 为宜。

3. 土球大小

直径以 25～30cm 为宜。土球过小，母竹易过度失水，降低成活，且竹鞭短，根系少，成林慢。土球过大，则不便运输。中小型观赏竹，通常生长较密，因此可将几支一同挖起作为一"株"母竹。具体要求为：散生竹 1～2 支/株，混生竹 2～4 支/株，丛生竹可挖起后分成 3～5 支/丛。母竹挖起后，一般应砍去竹梢，保留 4～5 盘分枝，修剪过密枝叶，以减少水分蒸发，提高种植成活率。

4. 运输

母竹远距离运输时，如果土球松散，则必须进行包扎，用稻草、编织袋等将土球包扎好。装上车后，先在竹叶上喷上少量水，再用篷布将竹子全面覆盖好，防止风吹，减少水分散失。母竹近距离运输不必包扎，但必须防止鞭芽和"螺丝钉"（竹杆与竹鞭连接处的竹节）受损及宿土脱落。

任务 4　栽植

1. 栽植季节

（1）散生竹　散生竹适宜的栽竹时节是在 10 月至翌年 2 月，尤以 10 月份的"小阳春"最好。冬季 11～12 月种竹，尽管雨量少、天气干燥，但此时竹子的生理活动趋弱，蒸腾作用不强，栽竹成活率也较高。长江中下游地区，可在梅雨季节正常年份采用移竹造林。但只宜近距离移栽，且根盘带土多方能保证高的成活率。北方地区由于冬季严寒，宜在秋季10月及早春2月栽竹。必须注意，春季3至5月出笋期不宜移栽散生竹。"种竹无时，雨后便移"，只要保证母竹质量，精心管理，保持水分平衡，一年中除炎热的三伏天和严寒的三九天外，其余时间均可栽种。如果采用容器竹苗，则南北地区均可四季种竹，保证成活。

（2）丛生竹　丛生竹一般3至5月竹秆发芽，6至8月发笋，且丛生竹不耐严寒，所以丛生竹种植最好在春季二月份竹子芽眼尚未萌发、竹液开始流动前进行最好。同样，如果管理条件好或采用容器竹苗，也可四季种竹。

（3）混生竹　混生竹生长发育节律介于散生竹与丛生竹之间，5至7月发笋长竹，所以栽竹季节以秋冬季10至12月和春季2至3月为宜。

2. 栽苗的选择

在苗圃中选择符合要求的母竹。在挖掘的前两日给待移植竹子浇透水，使其吸收充足的水分。挖掘前应根据定植高度截干，疏枝疏叶，土球绑扎并套塑料袋贴紧土球，以免在运输过程中土球破散或因风速过大而使根系、叶片丢失过多水分，造成移栽后不成活。具体操作过程中，要在挖苗后尽快装车，注意根系保湿，运到种植地后立即栽种；争取随挖随运随栽。

3. 母竹栽植方法

母竹运到种植地后，应立即种植。竹子宜浅栽不可深栽，母竹根盘表面比种植穴面低3～5cm即可。首先，将有机肥与表土拌匀后回填种植穴内，一般厚10cm。然后解除母竹根盘的包扎物，将母竹放入穴内，根盘面与地表面保持平行，使鞭根舒展，下部与土壤密接，然后先填表土，后填心土，捡去石块、树根等杂物，分层踏实，使根系与土壤紧密相接。填土踏实过程中注意勿伤鞭芽，靠近鞭芽处应轻压。然后浇足"定根水"，进一步使根土密接。待水全部渗入土中后再覆一层松土，在竹秆基部堆成馒头形；最后可在馒头形土堆上加盖一层稻草，以防止种植穴水分蒸发；母竹断梢口用薄膜包裹，防止积水腐烂；如果母竹高大或在风大的地方，需加支护架，以防风吹竹秆摇晃，而使根土不能密接，降低成活率。

任务5　养护管理

1. 散生竹的管理

（1）水分管理　竹子怕积水。栽植后的第一年水分管理最为重要，将直接影响母竹的成活。母竹经挖、运、栽植，根系受到损伤，吸收水分能力减弱，极易由于失水而枯死或排水不良而鞭根腐烂。因此，若久旱不雨、土壤干燥时，必须及时浇水，而当久雨不晴，林地积水时，又必须及时排水。竹子移栽成活前水分管理必须保持土壤见干见湿。

散生竹成林后水分管理时，在干旱期必须及时浇水灌溉，促进生长。浇水灌溉的重点在3～5月竹笋生长期和7～9月竹鞭生长与笋芽分化期：3～5月竹笋生长需水量较大，在竹笋出土前应浇水灌溉，出土后保持土壤湿润；7～9月竹鞭生长旺盛，笋芽开始分化，如果缺水，会影响竹子行鞭及笋芽分化形成，来年新竹数量减少。

（2）松土除草　新造竹林，竹子稀疏，林地光照充足，杂草灌木容易滋生，如不及时铲除，不仅消耗竹林的水分和养分，而且直接妨碍竹子生长。因此，在新竹林郁闭前，每年除草松土1～2次。第1次在5～6月间较好，这时散生竹已长出新竹，林地上的杂草较嫩，除后易腐烂。第2次在8~9月间较好，这时散生竹正在行鞭排芽（注：丛生竹和混生竹的新竹正在生长），而林地上的杂草生长也很旺盛，竹子与杂草都要大量消耗水分和养分，矛盾较大。因此，这时除草松土对竹子生长很有好处。每年若进行1次除草松土，可在7~8月间进行，这时高温多湿，除下的杂草容易腐烂。平缓地上的竹林，可全部除草松土；坡度较大的竹林，可在竹丛周围0.5~1m范围内除草松土，随着竹丛的扩大和竹鞭的蔓延，除草松土的范围应逐年扩大。除草松土时，应注意不要损伤竹鞭、竹克和笋芽。

（3）施肥　为促使竹子更新生长，提早成林，竹林应及时追施肥料，以农家肥和化肥并用效果好。在秋冬季施入饼肥、土杂肥等有机肥，有利于孕笋越冬。在春夏季节施入人粪尿、化肥，可及时满足竹子生长发育的需要。

散生竹施肥以有机肥为主，结合速效肥。新造竹林，竹鞭伸长不远，施肥以围绕竹株开沟放入为好。随着立竹量的增加，施肥量可逐年增加，施肥方法也可改沟施为均匀撒施，结合松土，将肥料翻入土内。

施肥可在一年中以下4个不同生长时期进行：第一个施肥时期是在竹林出笋前的3月份，称为"长笋肥"，肥主要采用速效性的化肥为主。第二个施肥时期是在竹林新竹长成后的6月份（发笋成竹较迟的竹林，可适当推迟），称为"长鞭肥"，施肥应以化肥结合有机肥进行，结合松土，将腐熟的有机肥撒于地表，深翻入土中。第三个施肥时期是在竹林开始笋芽分化的9月份，称为"催芽肥"，宜施速效肥或人粪等液体肥料为好。第四个施肥时期是竹林处于缓慢生长的12月份，称为"笋肥"，肥料主要采用有机肥为主，将厩、堆肥等有机肥料直接铺撒在竹林地表，铺撒在地表的有机肥可待翌年的6月份，竹林进行深翻松土时，深埋地下。

（4）间伐　竹子的观赏性和树木不同，树木则越大越壮观，而竹子长大后大多数竹子都有老化的现象。新竹萌发快，数量多，但大小不匀，应及时间伐，间伐时要去小留大，去弱留壮，去老留幼，去密留稀。调整竹林的结构（包括密度结构、径级结构和年龄结构），保证观赏竹子的出笋数量，对老竹进行更新，使竹林保持一定的密度和叶面积指数，以促进竹林生长。挖除老竹的时间，可结合松土，最好在6月份一起进行。需要钩梢的竹子可在新竹完成抽枝展叶后的6月份进行。

（5）加强保护　新竹林中管理时严禁踩坏竹笋和破坏幼竹，田间管理时应错开竹子出笋的季节。竹子生长有其特殊性，它是依靠地下茎上的笋芽发育长成竹笋，再长成新竹。新竹在1~4个月内即可完成高度、直径生长，以后不再增加。竹子年年均会发笋长竹。其次要及时防治竹子的病虫害。观赏散生竹虫害主要有竹蚜虫、竹介壳虫等，可用80%敌敌畏乳剂或40%氧化乐果乳剂1000倍液喷洒；病害主要有煤污病、丛枝病等，应加强抚育管理，及时清除病株。

（6）修剪形态　竹子的生物学特性是在某一个季节有少量换叶现象，在观赏竹子的整个生长过程中，可以不断地修剪旧竹叶，或根据竹子的形态修剪成圆形、方形、扁形等各种形态，有的竹子可重点突出观叶（如孝顺竹），有的竹子可重点突出观秆（如佛肚竹）。

2. 丛生竹的管理

丛生竹的管理包括除草松土、培土壅蔸、施肥管理、合理砍伐、防病治虫五个方面。

（1）除草松土　丛生竹造林后头三年，杂草容易与丛生竹争光夺肥，并滋生病虫害，同时土壤板结后，土壤的微生物活动减弱，从而使竹子根系生长受到影响，因此必须及时进行除草松土。除草松土可以改善土壤理化性质，为丛生竹创造良好的生长空间。除草松土每年应进行 3～4 次，除草方法是在竹篼周围 1m 范围内除去杂草，松土时应注意不伤笋、浅松土，松土深度在 10cm 左右，除草松土不能在出笋期间进行。

（2）培土壅篼 麻竹、杂交竹、慈竹等丛生竹，在生长过程中常有竹篼露出地面的现象，这时结合除草松土应对竹篼进行培土，使竹篼在疏松土壤的覆盖下能多出笋。对于过去的老竹林，应挖去部分竹篼后再进行培土壅篼。

（3）施肥管理 竹林需要从土壤中除吸收氮（N）、磷（P）、钾（K）三要素外，还有钙（Ca）、镁（Mg）、铁（Fe）、硅（Si）、硫（S）、硼（B）等元素，随着竹林生长年限的增加，土壤中的各种营养元素越来越少，此时应及时施肥补充满足。施肥以农家肥为主，化肥为辅。施肥方法在竹丛的周围开沟 20cm 左右，施入肥料后覆土，注意不要直接接触竹篼。施肥比例：一般按每亩施尿素 17kg，过磷酸钙 31kg，氯化钾 9.4kg，再加入适量的氧化硅，对一年生的幼林应酌情减量。对于过去的老竹林应适当多施，施肥时间：一年施肥三次，第一次是在出笋前的 3、4 月份，占 30%；第二次是在出笋后的 7～9 月份，占 40%；第三次是在 12 月至次年的 1 月份，占 30%。

（4）合理砍伐 合理采伐可以提高竹子产量，如过早采伐、超强度采伐都将严重影响竹子产量。采伐时必须注意以下问题。

① 丛生竹。采伐一定要在竹子的非生长季节进行，即每年的 12 月份后和次年的 4 月份前进行，严禁在竹子的生长季节进行采伐。

② 注意采伐的对象。采伐时，应掌握"爷孙不见面，父子不分离"的原则，严禁只保留一年生竹子。如果只保留一年生的竹子就会引起竹子受冻害。

③ 注意采伐方法。用釜头、凿子在竹子地径的地方采伐，伐桩不得超过 5cm，这样可以增加竹子的空间，为出笋创造良好生长范围，如果采伐的竹桩过高，一是不利用竹笋的生长，二是增加了培土壅篼的工作量。

（5）防治病虫害 丛生竹病害主要有枯梢病，防治方法：每隔一周用 50% 多菌灵、或 50% 托布津、或 50% 波尔多液喷雾。丛生竹虫害主要有蚧壳虫（俗称：竹虱子）、竹蝗、竹象等。防治方法：对于蚧壳虫（竹虱子）可用氧化乐果 1000 倍液进行毒杀，每七天防治 1 次，连续 2～3 次；对于竹蝗可用 50% 敌百虫 2000 倍液喷雾；对于竹象每天早晚甩 25% 亚胺硫磷 2000 倍液喷雾毒杀。

任务6 检查验收

检查验收请参照项目1。

【问题探究】

1. 几个与竹子有关的名词解释

竹箨为竹笋外壳；竹鞭为竹子的地下茎；竹秆的基部，在土壤底下这一部分，就叫竹兜。

竹克是竹子地下茎上着生芽眼的部位；竹子的"螺丝钉"是连接地上部分和竹鞭的枢纽，是竹子与竹鞭养分和水分交换的通道。

钩梢竹子就是幼林新竹在抽枝后展叶前，折去梢部，去掉顶端优势，有利于枝叶的生长和竹鞭的延伸。所谓钩梢，就是用专用的钩刀将竹梢砍掉，钩梢的强度根据毛竹的生长情况而定，时间在冰冻来临之前的 10~12 月为宜。钩梢可以有效地防止风雪危害，减少风折竹、雪压竹的发生。

2. 为什么竹子长到一定长度后只长高不变粗？

主要是因为竹子缺少形成层使得竹子长到一定长度后只长高不变粗。另外，竹子是单子叶植物，而一般树木大多是双子叶植物。单子叶植物茎的构造和双子叶植物有很大的区别，最主要的区别就是单子叶植物的茎里没有形成层。

如果把双子叶植物的茎切成很薄的薄片，放到显微镜下面观察，可以看到一个个的维管束，外层是韧皮部，内层是木质部，在韧皮部与木质部之间夹有一层薄薄的形成层。正是这层薄薄的形成层，树木长得那么粗全靠他。形成层是最活跃的，他每年都会进行细胞分裂，产生新的韧皮部和木质部，于是茎才一年一年粗起来。

如果把单子叶植物的茎横切成薄片放在显微镜下面观察，也可以看到一个个的维管束，同样外层是韧皮部，内层是木质部，但是韧皮部和木质部之间并没有一层活跃的形成层，所以单子叶植物的茎，长到一定程度后就只会长高不会长粗了。

3. 观赏竹子如何栽植？

观赏竹子既坚韧挺拔，又婀娜多姿，蓬勃洒脱，给人以清新幽雅的感受，自古以来人们把竹子作为装点住宅、绿化园林的佳品。现将观赏竹子的栽植技术要点简介如下：

（1）选择观赏竹种

1）以观赏竹杆为主要目的的可以选择杆色鲜艳的竹种，如紫竹、金镶玉竹、黄金间碧玉竹、斑竹、金竹、红宝石竹、青绿竹、巨竹、巨龙竹等；也可以选择杆形奇特的竹种，如龟甲竹、罗汉竹、佛肚竹、方竹、小佛肚竹等。

2）以观赏竹叶为主要目的的竹种有：红竹、四季竹、铺地竹、鸡毛竹、观音竹、凤尾竹、孝顺竹、银丝竹、锦竹、花吊丝竹、吊丝竹等。

3）以观赏竹笋为主要目的的竹种有：红竹、白哺鸡竹等。

4）以观赏竹秆和竹叶为主要目的的竹种有：大泰竹、唐竹、泰竹、柔叶竹、黄纹竹、金明竹、小叶龙竹等。此类观赏竹子以潇洒飘逸，节节高升，千姿百态的韵味大量布景于别墅中。

（2）造竹景时快速移植　观赏竹子大部分系珍稀竹种，其弱点是繁殖能力低，适应性不强，所以必须科学栽植，才能确保成活。栽植方法主要采用丛栽密植；若选用 1~2 年的母竹造林，则种后即能成林，立即产生观赏效果。如果栽种时入土不太深，则在栽后可用杂草或肥泥覆盖，以增加土壤有机质和保持水分，有利于竹子成活和快速生长。

（3）精心培育管理　观赏竹子栽种之后应经常培育管理，竹子周围的杂草应及时清除，出笋以后应选优留养，清除过于弱小的嫩竹，择伐老竹，特别是生长不良或年龄过老的竹更要及时伐除。另必须在秋季或早春应追施肥料，以复合氮肥为主，可以使新竹不断增多。

🎋【课余反思】

1. 竹子的生物学特性有哪些？

竹类是禾本科竹亚科植物，系有花高等植物，它的生长遵循的是有花高等植物生长发育的基本规律，它又具有不同于其他植物的特有的生长发育规律。竹类生物学特性有下列特点：

1）竹类植物的生长只有初生生长，没有次生生长，形态生长在短期内一次完成。

2）竹竿寿命一般不超过10年。

3）因开花周期长，繁殖主要依靠营养体分生实现。

4）地下茎具有横向地性，既是养分贮存和输导的主要器官，又有强大分生繁殖能力。

5）竹类植物体内维管束没有形成层，故在新竹长成后，竹株的干形生长结束，高度粗度和体积不能随年龄的增加而增大，而只是组织变老，干物质增多，力学强度增大。

2. 竹笋生长有何特性？

竹笋在地下形成后，当旬平均温度在10℃左右时，开始出土，3月中、下旬到4月初前后出土最盛，到5月上旬已基本结束。

竹笋生长自基部开始，总是笋箨先生长，继而是居间分生组织逐节分裂伸长，推动竹笋上移，穿过土层，长出地面。竹笋出土前的生长，以加粗生长为主，出土以后，则以长高为主。竹笋出土初期，每天生长量只有1~2cm，以后逐渐加快，到了生长高峰期，生长量一昼夜可达1m左右，最后生长速度又由快而慢，以至停止。竹笋从出土到新竹长成约需1~2个月。

3. 竹类植物生长发育有何特点？

1）竹类植物的营养器官有秆、枝、叶、箨、笋、地下茎（鞭、根），繁殖器官有花、果实、种子等。地表分散的竹秆与地下的竹鞭连成一体，鞭生笋，笋成竹，竹养鞭，周而复始，繁衍发展，形成竹林。

所以，一片竹林可看作一株"竹树"，地下茎竹（鞭）是"竹树"的主秆；竹秆是"竹树"的主枝。

2）竹类是种子植物。种子植物靠开花结实，用种子繁衍后代。竹类植物开花结实，也可用种子繁衍后代。但是，竹类植物营养生长期较长，一般要几十年或几百年。多数竹种是1次开花之植物，竹子开花后，竹株枯死，竹林衰败。

3）竹类植物的秆、枝、鞭上有节。生长时每个节上具有居间分生组织。所以，竹秆高生长和竹鞭的长度生长十分迅速。

4）竹类植物生长具有明显的节律性。秆、枝、叶、择、笋、鞭、根等器官的生长，都具有明显的节律性。

5）竹类植物的营养生长和无性繁殖能力较强。只要按照竹子生长发育规律，实行科学经营管理，合理砍伐利用，竹林就可不断地无性复壮。

【随堂练习】

1. 竹子如何分类？其生态习性怎样？

2. 竹子对栽植场地有何要求？

3. 怎样选择母竹进行移栽？

4. 竹子的栽植季节与方法是什么？

5. 散生竹与丛生竹栽植后养护有何不同？

6. 为何竹子长到一定长度后只长高不变粗？

项 目 考 核

项目考核 1-1　常规树木的移栽与养护

班级		姓名		学号		得分	
实训器材							
实训目的							

考核内容（教师指定树木）

1. 场地准备要求

2. 苗木准备要求

3. 裸根起苗和带土球起苗方法

4. 挖穴方法

5. 裸根起苗和带土球起苗栽植要点

6. 栽后养护内容

7. 验收内容

训练小结	

项目考核 1-2 常规树木成活期的养护管理

班级		姓名		学号		得分	
实训器材							
实训目的							

考核内容

1. 灌水的方法

2. 施肥方法

3. 修剪的方法

4. 病虫防治方法

训练小结	

项目考核 1-3 竹子的移栽与养护

班级		姓名		学号		得分	
实训器材							
实训目的							

考核内容（教师指定竹子的类型）

1. 竹子形态特征识别要点

2. 母竹的选择要求

3. 竹子的起苗方法

4. 竹子栽植要点

5. 竹子养护方法

训练小结	

考证链接

1. 相关知识

(1) 园林树木的分类

(2) 园林常规树木栽植原理

(3) 园林树木的生态习性

(4) 园林树木的栽植方式

2. 操作技能

(1) 常规树木的移栽与成活前的养护管理

(2) 常规树木的成活期养护管理

(3) 竹子的移栽与管理

单元 2 特殊立地环境植物的栽植与养护

在城市绿化中经常需要在一些特殊立地环境条件下栽植树木，这些特殊立地环境主要包括垂直绿化、无土岩石地及屋顶花园、干旱地及盐碱地、铺装地面及容器栽植等。在这样的特殊立地环境中，影响树木生长的一个或多个环境因子有时会处于极端状态下，如铺装地面上水的控制、屋顶花园上基本是无土栽培等，这些都需要我们采取一些特殊的栽培养护管理措施，才能保证栽植的树木成活。

项目 1 垂直绿化植物的栽植与养护

学习目标

1. 会选择垂直绿化植物的种类，并对垂直绿化植物进行正确的移栽与养护。
2. 能根据园林设计要求，对垂直绿化植物进行成活期的养护，会操作养护管理方法。

【项目导入】

在不增加城市用地的情况下，如何最大限度地扩大城市绿化范围、提高绿化覆盖率，发展垂直绿化，即利用适合城市不同立地条件的各类植物，栽植在建筑物的墙壁、阳台、屋顶、窗台等表面，不失为一种行之有效的办法。垂直绿化是在立体空间利用棚架、墙体、栏杆等栽植藤本植物、攀缘植物或采用盆钵栽植垂吊植物，达到立体绿化和美化等效果的一种绿化方法。垂直绿化不仅能够弥补平地绿化之不足，丰富绿化层次，有助于恢复，而且可以增加城市及园林建筑的艺术效果。适合于垂直绿化的植物主要是一些藤本植物，或者攀援灌木，也可以是一些垂吊植物。

垂直绿化占地少、投资小、绿化效益高，是园林绿化一个重要组成部分，也是扩大绿化面积的途径之一。垂直绿化可减少墙面辐射热，增加空气湿度和滞尘，绿化环境。对建筑物密度大、空地少的地方尤为必要。

【学习任务】

1. 项目任务

本项目主要任务是完成垂直绿化植物的移栽与养护。学会移栽与养护方法，保证移栽养护成活，达到园林验收要求。

2. 任务流程

具体学习任务流程见图 2-1。

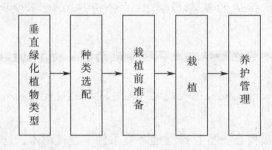

图 2-1　垂直绿化植物移栽养护任务流程

【操作要点】

主要的操作过程是完成上面任务流程图中的各项任务。我们对各项任务进行逐个学习，最终完成垂直绿化植物的移栽与养护整个项目，而形成完整的验收产品。

任务1　认识垂直绿化植物种类和类型

1. 识别垂直绿化植物的种类

（1）缠绕类　适用于栏杆、棚架等。如：紫藤、金银花、菜豆、牵牛等。

（2）攀缘类　适用于篱墙、棚架和垂挂等。如：葡萄、铁线莲、丝瓜、葫芦等。

（3）钩刺类　适用于栏杆、篱墙和棚架等。如：蔷薇、爬蔓月季、木香等。

（4）攀附类　适用于墙面等。如：爬山虎、扶芳藤、常春藤等。

2. 垂直绿化的类型与植物的选用

（1）房屋墙面的绿化　房屋外墙面的绿化尽可能选择生命力强的吸附类植物，以便在各种垂直墙面上快速生长。爬山虎、紫藤、常春藤、凌霄、络石等植物价廉物美，有一定观赏性，可作首选。在选择时应根据垂直绿化植物的特性区别对待：如凌霄喜阳，耐寒力较差，可种在向阳的南墙下；络石喜阴，且耐寒力较强，适于栽植在房屋的北墙下；爬山虎生长快，分枝较多，种于西墙下最合适。也可选用其他植物垂吊墙面，如紫藤、葡萄、

图 2-2　墙面绿化

蔷薇、木香、金银花、木通、西府海棠、茑萝等（见图2-2）。

（2）围墙的绿化　围墙在绿化时，可以棚架形式栽植攀援植物，遮住围墙，夏季可观花，秋季可观果观叶，生机活泼。实砌墙一般选择爬山虎、凌霄等生根植物；栅栏围墙可选择金银花、茑萝等植物。

围墙若用植物做成绿篱、花篱，其效果比砖砌要好得多，同样可以起到隔离地域的作用。常见的绿篱植物有女贞、小蘗、黄杨、珍珠梅、冬青和木槿等。而栅栏围墙除有分隔地域作用外，还应达到隔墙观赏的目的，这样不仅可以绿化墙体，还能起到"透绿"的作用。因此，栅栏围墙不宜选用爬山虎等叶片发达且分枝较多的植物，而应选择金银花等缠绕性植物。

（3）阳台栏杆的绿化　在阳台和栏杆上，尤其是在高层建筑物上的阳台、栏杆上种些牵牛花或木通形成绿帘可遮阳，也可在阳台上设花坛，应选择根系较浅、耐瘠薄的植物，如茑萝、牵牛花等。这样，不仅管理粗放，而且花期长，绿化美化效果较好。

（4）公路山体的绿化　采用灌木、藤本作为护坡植物与草本植物混播，既可克服草本植物抗拉强度小、固坡护坡效果差、维护和管理作业量大等特点，也克服了灌木、藤本成本较高，早期生长慢，植被覆盖度低，对早期的土壤侵蚀防止效果不佳等弱点。可用于公路边坡垂直绿化的藤本植物主要包括爬山虎、五叶地锦、蛇葡萄、常春藤和中华常春藤等。

（5）立交桥绿化　随着城市交通量的日益增加，新修建的高架路、立交桥越来越多，其本身的绿化和周边环境的绿化已成为新的课题。对于高架路、立交桥的扬尘厉害、噪声污染严重、桥面温度过高等问题，单一的桥下地面绿化，根本无法满足人们的要求；而立交桥由于自身的特点，提供了很好的垂直空间，利用攀缘植物绿化是很合适的。地锦、常春藤等藤本植物最适合立交桥绿化，而爬蔓蔷薇、金银花、扶芳藤等开花、耐旱攀援植物的配植应用，可以增加垂直绿化的色彩和品种；有条件的桥区可采取攀援、垂挂、种植槽、悬挂花器、花球点缀等多种绿化方式，来全方位地改善立交桥的环境。

（6）棚架绿化（见图2-3）　庭园里最简单的建筑就是棚架。它们不但起着遮蔽作用，而且还有分隔功能：它们可以将庭园分隔成几个小区，还可以将有碍观瞻的东西（如晾衣绳、肥料堆等）掩盖起来。因为它们可以独立存在，所

图 2-3　棚架绿化

以能够给单调的户外空间增添一些景致。它们还可以建在屋顶花园上，可以充当攀缘植物和蔓生植物的支架：待植物枝繁叶茂之时，就会成为美丽的景观。

在各式各样、大大小小的庭园里，棚架还经常成为过道。繁茂的攀缘及蔓生植物爬满了棚顶，将深深吸引漫步其间的行人的目光。棚架可建在车道的上方以提供斑驳的绿荫；也可建在车库的顶上以代替封闭式的棚顶；它还可附在屋子旁，为人们提供非规则式的娱乐场地。

任务 2　选配垂直绿化植物

攀缘植物的特性不尽相同，有速生的有慢生的，也有常绿和落叶之分，因此要按不同的地段结合植物的特性进行选配。

1. 按植物的特性选配

切忌选配单一的落叶植物，避免冬天叶子凋落后，藤蔓裸露，使整个建筑物黯然失色。常绿和落叶搭配才能起到互补的作用。如爬山虎与常春藤间种，冬天爬山虎落叶，但常春藤依然一片翠绿，整个建筑物还是生机盎然。

2. 速生与慢生应配植

速生品种在短期内就能覆盖物体，显示绿化效果，慢生品种虽铺蔓较晚，覆盖迟，但后期绿化效果明显。这种近期效果与远期效果相结合，能更大地发挥垂直绿化的效果。

任务 3　栽植前的准备

1. 栽植季节的选择

落叶植物的栽植，应在春季解冻后、发芽前，或在秋季落叶后、冰冻前进行；常绿植物的栽植应在春季解冻后、发芽前，或在秋季新梢停止生长后、降霜前进行。常绿植物非季节性栽植应用容器苗，栽植前或栽植后都应进行疏叶。大部分木本攀缘植物应在春季栽植，并宜于萌芽前栽完。为特殊需要，雨季可以少量栽植，应采取先装盆或者强修剪、起土球、阴雨天栽植等措施。

2. 种植池（穴）的准备

翻地深度不得少于40cm，石块砖头、瓦片、灰渣过多的土壤，应过筛后再补足种植土。如遇含灰渣量很大的土壤（如建筑垃圾等），筛后不能使用时，要清除40~50cm深、50cm宽的原土，换成熟土或基质。在墙、围栏、桥体及其他构筑物或绿地边种植攀缘植物时，种植池宽度不得少于40cm，当种植池宽度在40~50cm时，其中不可再栽植其他植物。如地形起伏时，应分段整平，以利浇水。在人工叠砌的种植池种植攀缘植物时，种植池的高度不得低于45cm，内沿宽度应大于40cm，并应预留排水孔。对沿墙体呈狭长走向的栽植区域，提倡开沟整地，沟的宽度因地势而定，考虑到建筑物的安全和行人通行等，不宜过宽的，可适当增加沟的深度，以利于藤本植物根系的舒展。

栽培穴的标准依所栽植物的种类和地面情况而定，根据藤本植物如爬墙虎等的生长习性要求，原则上不得低于20cm见方；对于硬质地面如水泥地面、大理石地面等土层瘠薄板结、土质差的地块，穴的规格要开挖至50cm见方，并换填疏松的沙壤土。

3. 苗木的准备

木本攀缘植物宜栽植三年生以上的苗木，应选择生长健壮、根系丰满的植株；草本攀缘植物应备足优良种苗。运苗前应先验收苗木，对太小、干枯、根部腐烂等植株不得验收装运。苗木运至施工现场，如不能立即栽植，应用湿土假植，埋严根部。假植超过两天，应浇水管护。注意从外地引入的苗木应仔细检疫后再用。

任务 4　栽植

1. 检查栽植坑

阅读设计图，按照种植设计的要求对所确定的坑（沟）位定点、挖坑（沟），坑（沟）

穴应四壁垂直，低平处的坑径（或沟宽）应大于根径 10 ~ 20cm。禁止采用一锹挖一个小窝，将苗木根系外露的栽植方法。

2. 施基肥

栽植前，可结合整地，向土壤中施基肥。肥料宜选择腐熟的有机肥，每穴应施 0.5 ~ 1.0kg。将肥料与土拌匀，施入坑内。也可在有机肥中混入木屑和蘑菇下脚料等有机质，改善土壤结构，为植物提供好的生长环境。

3. 苗木栽植

栽植工序应紧密衔接，做到随挖、随运、随种、随灌，裸根苗不得长时间曝晒和长时间脱水。栽前对苗木的修剪程度应视栽植时间的早晚来确定，栽植早宜留蔓长，栽植晚宜留蔓短；苗木栽植时摆放立面应将较多的分枝均匀地与墙面平行放置；栽植时的埋土深度应比原土痕深 2cm 左右；埋土时应舒展植株根系，并分层踏实。

4. 做堰

栽植后应做树堰。树堰应坚固，用脚踏实土埂，以防跑水。在草坪地栽植攀缘植物时，应先起出草坪。

任务 5　养护管理

1. 浇水

1）新植和近期移植的各类攀缘植物，应连续浇水，直至成活为止。栽植后 24h 内必须浇足第一遍水，第二遍水应在 2 ~ 3d 后浇灌，第三遍水隔 5 ~ 7d 后进行。浇水时如遇跑水、下沉等情况，应随时填土补浇。

2）必须掌握好 3 ~ 7 月份植物生长关键时期的浇水量。做好冬初冻水的浇灌，以有利于防寒越冬。由于攀缘植物根系浅、占地面积少，因此在土壤保水力差或天气干旱季节应适当增加浇水次数和浇水量。

2. 牵引

对攀缘植物的牵引应设专人负责。从植株栽后至植株本身能独立沿依附物攀缘为止。应依攀缘植物种类不同、时期不同，使用下列不同的方法。

1）靠墙插放小竹片。

2）在光滑的墙面上拉铁丝网或农用塑料网。

3）用木糠、沙子、水泥按 2:3:5 的比例混合后刷到墙上，以增加墙面粗糙度，促使植株尽快向墙上攀爬。

3. 施肥

1）时间。施基肥，应于秋季植株落叶后或春季发芽前进行；施用追肥，应在春季萌芽后至当年秋季进行，特别是 6 ~ 8 月雨水勤或浇水足时，应及时补充肥力。

2）方法。基肥应使用有机肥，施用量宜为每延长米施 0.5 ~ 1.0kg。追肥可分为根部追肥和叶面追肥两种，根部施肥又可分为密施和沟施两种。每两周一次，每次施混合肥每延长米 100g，施化肥为每延长米 50g。叶面施肥时，对以观叶为主的攀缘植物可以喷浓度为 5% 的氮肥尿素，对以观花为主的攀缘植物喷浓度为 1% 的磷酸二氢钾。叶面喷肥宜每半月一次，一般每年喷 4 ~ 5 次。

3）注意事项。有机肥使用时必须经过腐熟，使用化肥必须粉碎、施匀；施用有机肥不应浅于 40cm，化肥不应浅于 10cm；施肥后应及时浇水。叶面喷肥宜在早晨或傍晚进行，也可结合喷药一并喷施。

4. 病虫害防治

1）攀缘植物的主要病虫害有：蚜虫、螨类、叶蝉、天蛾、虎夜蛾、斑衣蜡蝉、白粉病等。在防治上应贯彻"预防为主、综合防治"的方针。

2）栽植时应选择无病虫害的健壮苗，勿栽植过密，保持植株通风透光，防止或减少病虫发生。

3）栽植后应加强攀缘植物的肥水管理，促使植株生长健壮，以增强抗病虫的能力。

4）及时清理病虫落叶、杂草等，消灭病源虫源，防止病虫扩散、蔓延。

5）加强病虫情况检查，发现主要病虫害应及时进行防治。在防治方法上要因地、因树、因虫制宜，采用人工防治、物理机械防治、生物防治、化学防治等各种有效方法。在化学防治时，要根据不同病虫对症下药。喷布药剂应均匀周到，应选用对天敌较安全，对环境污染轻的农药，既控制住主要病虫的为害，又注意保护天敌和环境。

5. 整形修剪与间移

1）整形修剪。

① 棚架式整形。可先在近地面处重剪，促其发出数条强壮主蔓，然后诱引主蔓垂直生长，均匀分布侧蔓，很快便可成为阴棚。

② 凉廊式整形。不宜过早将植株引至廊顶，否则侧面易空虚。

③ 篱壁式整形。可将侧蔓进行水平引诱，每年对其进行短截，以形成整齐的篱垣形式。

④ 附类植物的附壁式整形。只需将藤蔓引于墙面，使其自行逐渐布满墙面，一般不剪蔓。整形完成后，应适当对下垂枝和弱枝进行修剪，促进植物生长，防止因枝蔓过厚而脱落或引发病虫害。

2）修剪时间。修剪在植株秋季落叶后和春季发芽前进行。剪掉多余枝条，减轻植株下垂的重量；为了整齐美观也可在任何季节随时修剪，但主要用于观花的种类，要在落花之后进行。

3）间移应在植物的休眠期进行。

6. 中耕除草

除草应在整个杂草生长季节内进行，以早除为宜。注意中耕除草时不得伤及攀缘植物根系。种植槽外加种剑麻等保护植物，既能防止行人践踏和干扰破坏，又解决了藤本植物的"光腿"（中下部位落叶）问题。

【问题探究】

1. 如何理解垂直绿化？

垂直绿化是利用植物材料沿建筑物立面或其他构筑物表面攀扶、固定、贴植、垂吊形成垂直面的绿化形式。

2. 垂直绿化的种植池（穴）是什么？

种植池（穴）是用各种材料围成的用于盛容栽植土的不同规格或形式的构筑物。

3. 垂直绿化植物牵引的目的是什么？

目的是使攀缘植物的枝条沿依附物不断伸长生长。特别要注意栽植初期的牵引，新植苗木发芽后应做好植株生长的引导工作，使其向指定方向生长。

4. 对攀缘植物修剪的目的是什么？

目的是防止枝条脱离依附物，便于植株通风透光，防止病虫害以及形成整齐的造型。

5. 攀缘植物间移的目的是什么？

目的是使植株正常生长，减少修剪量，充分发挥植株的作用。

【课余反思】

1. 垂直绿化有何意义？

垂直绿化不仅能增加建筑物的艺术效果，使环境更加整洁美观、生动活泼，而且占地少、见效快、绿化率高。在城市绿化建设中，精心设计各种垂直绿化小品，如藤廊、拱门、篱笆、棚架、吊篮等，可使整个城市更有立体感，既增强了绿化美化的效果，又增加了人们的活动和休憩空间。近年来，我国高层建筑不断增加，平地绿化面积越来越少，进行垂直绿化势在必行。

2. 垂直绿化应注意哪些问题？

垂直绿化对所用的植物材料要求比较严格，应选择浅根、耐贫瘠、耐旱、耐寒的强阳性或强阴性的藤本、攀缘和垂吊植物。除了一般要求的尽可能速生和常绿外，各地还可根据环境、功能、绿化方式和目的等选择适合的品种。

（1）功能要求　垂直绿化时，如果是用于降低建筑墙面及室内温度，就应该选用生长快、枝叶茂盛的攀缘植物，这类植物有爬山虎、五叶地锦、常春藤等。如果是以防尘为主的，应尽量选用叶面粗糙且密度大的植物，如中华猕猴桃等。

（2）绿化方式　庭园垂直绿化，一般是在棚架、山石旁，栽植典雅或有经济价值的木香、蔷薇、金银花、猕猴桃等；住宅垂直绿化除墙面外还包括阳台等，对于阳台可选用喜光、耐旱的攀缘植物，背阴墙面可选用耐阴的中国地锦等；土坡、假山的垂直绿化宜选用根系庞大、固地性强的攀缘植物。

（3）美化要求　为了增加垂直和空中的美化效果，可以在立交桥等位置种植爆竹花、牵牛花、茑萝等开花攀缘植物；护坡和边坡种植凌霄、老鸦嘴藤等；立交桥悬挂槽和阳台上种植黄素馨、马缨丹、软枝黄蝉等。

（4）环保要求　在南方，常春藤能抗汞雾。在北方，地锦能抗二氧化硫、氟化氢和汞雾。常绿阔叶的常春藤、薜荔、扶芳藤都能抗二氧化硫。可根据绿化环境中的污染情况进行选择。

目前，城市垂直绿化中所用的材料大多是各种功能兼顾，多种垂直绿化材料有机结合的种植。

【随堂练习】

1. 垂直绿化的植物如何选择？
2. 垂直绿化植物栽植前要做哪些准备工作？
3. 垂直绿化植物栽植有哪些要求？
4. 垂直绿化植物栽植后的养护与管理措施有哪些？

项目 2　干旱及盐碱地树木的栽植与养护

学习目标

1. 会选择干旱及盐碱地绿化植物，并会对干旱盐碱地树木进行正确的移栽。
2. 能根据园林设计要求，对干旱盐碱地树木进行成活期的养护，会操作养护方法。

【项目导入】

1）在城市的园林绿化中，干旱地主要是由于城市地下垫面结构的特殊性使降水不能渗入土壤，大多在地表流失而形成的，即使是湿润地带也会出现干旱的特点。

2）盐碱地是盐类集积的一种土地，是指土壤里面所含的盐分影响到作物的正常生长，根据联合国教科文组织和粮农组织不完全统计，全世界盐碱地的面积为 9.5438 亿公顷，其中我国为 9913 万公顷，主要分布在华北、东北和西北的内陆干旱、半干旱地区，东部沿海包括我国台湾省、海南省等岛屿沿岸的滨海地区也有分布。我国碱土和碱化土壤的形成，大部分与土壤中碳酸盐的累计有关，因而碱化度普遍较高，严重的盐碱土壤地区植物几乎不能生存。盐碱地在利用过程当中，简单说，可以分为轻盐碱地、中度盐碱地和重盐碱地。轻盐碱地是指它的出苗在七八成，它含盐量在 3‰ 以下；重盐碱地是指它的含盐量超过 6‰，出苗率低于 50%；在于两者之间的就是中度盐碱地。目前随着科学技术的发展，不应该只看到不利的一面，更应该把它看成是很珍贵的土地资源，因为有许多生物包括植物和微生物，都可以适应这一环境。另外，盐碱地的形成有时也与干旱是分不开的。

【学习任务】

1. 项目任务

本项目主要任务是完成干旱地、盐碱地树木的移栽与养护。要求学会移栽与养护方法，保证移栽成活，养护要求枝繁叶茂，达到园林景观要求。

2. 任务流程

具体学习任务流程见图 2-4。

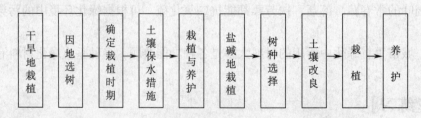

图 2-4　干旱和盐碱地树木栽植养护任务流程

【操作要点】

主要的操作过程是完成上面任务流程图中的各项任务。我们对各项任务进行逐个学习，最终完成干旱地树木的移栽与养护整个项目，而形成完整的产品。

任务 1　栽植干旱地树木

1. 因地选树

耐旱性较强的树种有旱柳、夹竹桃、石楠、胡颓子、构树、小檗、火棘、木芙蓉、雪松、合欢、紫穗槐等。按照适地适树的原则，选择适应当地气候条件，耐严寒、盐碱、贫瘠，抗逆性好，病虫害少的乡土树种，可提高植树成活率。常用的胡杨、榆树、白蜡、旱柳、杨树、沙枣等均是优良树种。

2. 栽植时期的确定

干旱地树木栽植应以春季为主，四季分明的地区一般在 3 月中旬至 4 月下旬，偏南的地区可提早一周，偏北的地区可推迟一周，春旱严重的地区可选择雨季栽植。在缺少雨水的西部，春季气温回升快，树液流动加速，植树时间短，树木成活率低，秋季栽植成活率高于春季。秋季植树时通过控制灌水，可使树木提前进入休眠状态。这样的苗木，木质化程度提高，树液浓度增大，利于正常越冬。此外，秋季植树有利于苗木愈伤组织形成，抵抗生理性干旱，提高成活率。植树时间可以延长到冬季。

3. 土壤保水措施

（1）泥浆堆土　先按照单元 1 中项目 1 的要求挖好穴后，将表土回填树穴后，浇水搅拌成泥浆，再挖坑种植，坑的大小要保证根系完全展开，再用泥浆培稳树木，并以树干为中心培出半径为 50cm、高 50cm 的土堆。

（2）埋设聚合物　干旱地区栽植时，可以在树根部周围均匀埋入大于 5cm 厚度的聚合物，能够比较持久地释放所吸收的水分以供树木的生长。

（3）开集水沟　可在树木周围挖集水沟蓄积雨水，有助于缓解旱情。

（4）容器栽植　采用塑料容器将树体与干旱的立地环境隔离，创造适合树木生长的小环境。塑料容器可选择降解制品，容器大小依据树根大小进行选择，在容器中填入人工配制的基质，包括腐殖土、肥料、珍珠岩等，再混入一些聚合物，与水搅拌成冻胶状，可供根系吸收 3~5 个月。

4. 栽植与养护

（1）栽植

1）干旱地栽植前的准备。干旱地区或干旱季节，种植裸根树木应采取根部喷布生根激素、增加浇水次数及施用保水剂（可参考大树移栽）等措施。针叶树可在树冠喷洒聚乙烯树脂等抗蒸腾剂。对排水不良的种植穴，可在穴底铺 10~15cm 沙砾或铺设渗水管、盲沟，以利排水，最后覆一层细土或铺草以减少水分蒸发。

2）随起随栽。尽量缩短苗木的挖运、种植时间，减少水分散失。

3）栽土球苗。选用土球苗栽植，可以显著提高成活率。选用尽可能大的土球，以土球直径为胸径的十倍为佳。起苗时，用利器断根，减少主根受损，剪齐根梢末端。

4）大苗移植。培育大规格容器苗，容器苗移栽具有完整的土球和损伤极小的根系，通过喷洒防蒸腾剂，树体遮阴、树体布设微喷保湿等措施，可显著提高在干旱地区大规格苗木的栽植成活率。

5）营养钵苗栽植。营养钵苗种在盛满基质的营养钵中，直接扦插优质插条，当幼苗长至50cm时，就可直接栽植。通过加强水分管理，可显著提高批量栽植苗的成活率。其成功之处在于突破了高温期和干旱地区植树极限，为绿化造林探索出一条捷径，也可使长年植树成为现实。

（2）养护

1）及时浇水。栽完树后，需要连续间隔灌水3~5次，保持根系的湿度。秋冬季植树，上冻后加水使根际成"冻土球"，可以确保冬季土壤湿润。无论哪个季节，植树后的第一个生长周期内，必须常浇勤灌，浇水后及时覆土，防止土壤龟裂。对于缺水地区的干旱地，采取滴灌的灌溉方式既节约用水，又可提高树木成活率。

2）适度重剪。剪去树体细弱枝、病虫枝、内向枝、丛生枝、枯死枝等多余枝条，有利于减少树体的水分损耗。由于新栽树根系尚未萌发，无法满足蒸发的需要。因此，适度重剪是保证干旱地栽植成活率的重要环节；剪得越重，发枝越旺，成活率越高。

任务2 栽植盐碱地树木

1. 因地选树

在盐碱地区植树绿化，要选适合当地生长，又是耐盐碱的树种。在高水位盐碱区，还要注意选择耐水湿的树种；不要盲目从外地引进树种，要优先选用乡土树种。因地选树要测土测水，取得立地条件数据，科学地指导树种选择。在盐碱地上种植的树种主要有以下几类：

（1）抗性强的树种 怪柳、枸杞、白蜡、侧柏、桧柏、紫穗槐、金银花、柳树、爬山虎、木槿、葡萄、丰花月季等。

（2）抗性较强的树种 国槐、刺槐、毛白杨、椿树、泡桐、月季、黄刺梅、榆树、枣树、石榴、银木等。

（3）有一定抗性树种 紫荆、海棠、凌霄、丁香、连翘、合欢、花柏、桑树、法桐、大叶黄杨、小叶黄杨、龙柏、紫藤、女贞、蔷薇、杏树、桃树、雪松、云杉、红瑞木、紫薇等。

2. 改良土壤

土壤改良主要方法有下面3种：

（1）物理改良

1）开挖排水沟，排除积水，降低地下水位。大面积绿化种植区要完善排水系统，能够使积水排除，降低了地下水位，有利于排盐。

2）挖大坑、换耕质土，坑底铺灰渣做隔盐层。一般乔木挖坑1m见方，深80~100cm，花灌木坑80cm见方，深度为70cm左右，坑内均换耕质土。含盐量在0.5%以上的在坑底铺15cm灰渣作隔盐层，上面再填好土，给树木创造一个良好的生长环境。

（2）化学改良

1）对盐碱土适量增施化学酸性肥料过磷酸钙，可使pH值降低，同时磷素能提高树木的抗性。施入适当的矿物性化肥，补充土壤中氮、磷、钾、铁等元素的含量，有明显的改土效果。

2）施用大量含有机质的土料，如：腐叶土、松针、木屑、树皮、马粪、泥炭、醋渣及有机垃圾等。含有有机质的土料能够改善土壤结构，并且在腐烂过程中产生酸性物质中和盐碱，有利于树木根系生长，提高树木的成活率。

（3）生物改良

种植耐盐的绿肥和牧草，如田菁、草木樨、紫花苜蓿等，长到一定高度后把草或绿肥植物翻入土中，以增加土壤有机质，改善土壤水、肥、气条件，提高土壤肥力，降低盐碱含量，栽种树木花草就容易成活。

3. 树木种植

盐碱地区的树木种植与一般土壤地区基本相同，但应注意以下几点。

1）选择最佳植树季节。盐碱地苗木的栽植宜早不宜晚，可在土壤化冻后立即进行，对一些发芽较晚的苗木可以适当延后，如：石榴、紫薇等。常绿树可以在雨季栽植，落叶大树可提倡秋冬栽植，秋冬季土壤脱盐之后的盐分比春季低，水分条件也好，栽种后土壤即封冻，不至于产生返盐，而且比春季地温高易发新根，次年早春根系发育早可提高树木成活率。落叶树种栽植以土壤封冻前栽植为佳。

2）客土绿化工程的大穴盐碱地整地改良工程中，栽植树木前必须浇透淡水，并在土壤踏实后平整土面。

3）树木栽植不可过深，宜适当浅栽（除杨柳树外其他树种均以浅栽为好），栽植深度比苗木在原土印以下1～2cm左右。浅栽可以有效地控制水渍烂根，又能保证根系有良好的透气性。栽植苗木一定要注意方向要尽量与苗木原生长方向一致。

4）为防止土壤次生盐渍化，促进树木根系生长，在树木浇完第一遍水后，其周围要用塑料薄膜覆盖。

4. 养护

盐碱地绿化最为重要的工作是后期养护，其养护要求较普通绿化标准更高、周期更长。

1）水分管理。树木种植的一个月内，第一次要浇足淹根水，第二次浇保养水，一个月三天一小浇，七天一大浇。小浇即在根部少浇水，主要是叶面喷水，保持叶面水分；大浇即在根部浇足水，且持续浇两次或三次以上，以达到树根在湿软土壤中生出新的毛细根的目的。最初几个月要浇淡水，逐渐在淡水中添加当地地表水。夏季高温季节，要及时在植物根部和叶面喷水、洒水，降低根部土壤的温度，保证树木正常生长。在浇水的同时，可为树木供应充足的营养，可用氯酚类（如 DCPDA）喷洒树木叶片，同时进行叶面喷肥。

2）挖掘蓄水池、早晚灌溉、地表覆盖等措施，对树木进行养护，使种植的树木能够正常成长。

3）及时松土。松土能保持良好墒性，控制土壤盐分上升。松土深度应较一般土壤深10～15cm，以不损伤根部即可。

总之，盐碱地上的园林绿化不是速成的，要在正确的栽种条件下同时注意后期的养护，才能达到根本的绿化目的。

【问题探究】

1. 你对盐碱地是如何理解的？

盐碱地是盐土地和碱土地的总称。盐土：可溶盐类含量达到烘干土重的0.2%的土壤；碱土：含碳酸钠或碳酸氢钠比较多，一般可溶盐很少，呈强碱性反应的土壤，pH 值为8.5～9.0。

2. 泥浆堆土有什么作用？

泥浆堆土中的泥浆能增强水和土的亲和力，以减少水的损失，可较长时间保持根系的水分。堆土可减少树穴土壤水分的蒸发，减少树干的空气中的暴露面积，降低树干水分蒸腾。

3. 什么是聚合物?

聚合物是颗粒状的聚丙烯酰胺和聚丙烯醇物质,能吸收自重 100 倍以上的水分。

4. 盐碱地种植树木时为什么要进行土壤改良?

当土壤含盐量超过 0.3% 时,大多数园林植物不能成活和生长。因此,在盐碱地种植树木之前必须对土壤改良,具体改良措施应根据立地条件和绿化功能要求来确定。

5. DCPTA 是什么?

DCPTA 是 1977 年由美国农业部水果蔬菜化学研究所研究员哈利首先发现并研制的,其化合物简称 DCPTA,俗称增产胺。化学名称:2—二乙氨乙基—3、4—二氯酚基乙醚,缩写为 DCPTA。它是一种对植物生长发育有多种优异性能的活性物质,它直接影响植物的某些基因(如控制光合作用的基因,合成某些物质的基因),修补某些残缺的基因。通过其在植物内部所做的上述工作,从而达到以下目的:

1)显著增加作物产量。

2)改善作物品质。

3)它还能改善植物体内器官的功能,提高植物本身的免疫能力,增强植物适应环境的能力。

DCPTA 的作用机理及适用范围:DCPTA 能直接作用于植物控制光合作用以及某些物质合成的基因,调整或开启这些基因来提高光合作用和二氧化碳的吸收利用及蛋白质、脂类等物质的积累贮存,促进细胞分裂和生长,提高作物产量和品质,提高作物抗旱、抗寒、抗病能力。它适用于粮油作物、棉花、烟草、瓜类、蔬菜、林果、草坪、药用植物、花卉等。本品无毒、无残留,安全可靠,使用方便,浸种(拌种)、苗床及大田喷施均可。

【课余反思】

干旱盐碱地形成原因

各种盐碱土都是在一定的自然条件下形成的,其形成的实质主要是各种易溶性盐类在地面作水平方向与垂直方向的重新分配,从而使盐分在集盐地区的土壤表层逐渐积聚起来。影响盐碱土形成的主要因素有:

1. 气候条件

在我国东北、西北、华北的干旱、半干旱地区,降水量小,蒸发量大,溶解在水中的盐分容易在土壤表层积聚。夏季雨水多而集中,大量可溶性盐随水渗到下层或流走,这就是"脱盐"季节;春季地表水分蒸发强烈,地下水中的盐分随毛管水上升而聚集在土壤表层,这是主要的"返盐"季节。东北、华北、半干旱地区的盐碱土有明显的"脱盐""返盐"季节,而西北地区,由于早降水量很少,土壤盐分的季节性变化不明显。

2. 地理条件

地形部位高低对盐碱土的形成影响很大,地形高低直接影响地表水和地下水的运动,也就与盐分的移动和积聚有密切关系。从大地形看,水溶性盐随水从高处向低处移动,在低洼地带积聚,所以盐碱土主要分布在内陆盆地、山间洼地和平坦排水不畅的平原区,如松辽平原。从小地形(局部范围内)来看,土壤积盐情况与大地形正相反,盐分往往积聚在局部的小凸处。

3. 土壤质地和地下水

质地粗细可影响土壤毛管水运动的速度与高度，一般来说，壤质土毛管水上升速度较快，高度也高，砂土和粘土积盐均慢些。地下水影响土壤盐碱的关键问题是地下水位的高低及地下水矿化度的大小，地下水位高，矿化度大，就容易积盐。

4. 河流和海水的影响

河流及渠道两旁的土地，因河水侧渗而使地下水位抬高，促使积盐。沿海地区因海水浸渍，可形成滨海盐碱土。

5. 耕作管理的影响

有些地方浇水时大水漫灌，或低洼地区只灌不排，以致地下水位很快上升而积盐，使原来的好地变成了盐碱地，这个过程叫次生盐渍化。为防止次生盐渍化，水利设施要排灌配套，严禁大水漫灌，灌水后要及时耕锄。

【随堂练习】

1. 干旱地的土壤保水措施有哪些？
2. 干旱树木栽植时应注意哪些问题？
3. 盐碱地的土壤改良方法有哪些？
4. 盐碱地树木的养护重点措施有哪些？

项目3 铺装地面及容器栽植树木的栽植与养护

学习目标

1. 了解常见的容器种类，会选择适合铺装地面及容器栽植的树木种类。
2. 能根据园林设计要求，对铺装地面及容器树木进行正确的移栽，保证移栽成活。

【项目导入】

随着现代城市建设的发展，城市的园林绿化常需要在具有铺装地面的环境中栽植树木。在商业步行街、商业广场、停车场等城市中心区域，可提供给园林树木栽植用的地面空间有限，为了增加城市绿化面积、营造植物景观，容器栽植树木不失为行之有效的弥补措施。如一些大中型城市的商业街原本没有树木栽植，改造成步行街后，为了构筑绿色景观并为行人提供凉荫，在道路全部铺装的条件下，采用摆放各式容器栽植树木的方法进行绿化美化环境补缺，收到了较好的视觉景观效果（见图2-5）。

容器栽植的特点是具有可移动性与临时性。在自然环境不适合树木栽植、空间狭小无法栽植或临时性栽植等情况下，可采用容器栽植进行环境绿化

图2-5 容器栽植树木

布置。由于容器栽植可采用保护地培育，受气候或地理环境的限制较小，树木种类选择就比自然立地条件下的栽植多很多。在北方，利用容器栽植技术，更可在春夏秋三季将原本不能露地栽植的热带、亚热带树种呈现室外，丰富树木的应用范畴。

【学习任务】

1. 项目任务

本项目主要任务是完成铺装地面及容器树木的移栽与养护。学会移栽养护方法，保证移栽成活，符合景观要求。

2. 任务完成流程

具体学习任务流程见图2-6。

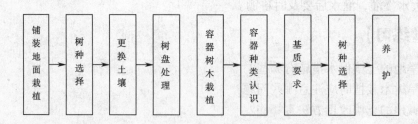

图2-6　铺装地面及容器树木栽植任务流程

【操作要点】

主要的操作过程是完成上面任务流程图中的各项任务。我们对各项任务进行逐个学习，最终完成铺装地与容器栽植树木的整个项目，而形成完整的园林景观产品。

任务1　铺装地面树木栽植

1. 选择树种

选择根系发达、耐旱、耐瘠薄、耐高温、适应性强的树种。

2. 更换土壤

必须更换栽植穴的土壤，要求所换土壤透气性好，保水保肥性强。更换土壤的深度50～100cm。

3. 处理树盘

1）根系至少有3m³的土壤。增加树木基部土壤表面积比增加土壤深度更有利于树木的生长。（土壤体积＝土壤深度×土壤表面积）

2）树盘地面可栽植花草，覆盖碎石等起保墒作用，也可采用两半的铁盖或水泥板覆盖（见图2-7a），但表面必须有通气孔；如果铺装地面通气性太差，应在树盘内人工设置通气管道以改善土壤的通气性。通气管道一般采用PVC管，直径10～12cm，管在土壤中深度与树根栽的深度相当，并在管壁上钻孔，通常安装在种植穴的四周（见图2-7b）。

3）栽植时注意种植穴、树木的规格与铺装地面坡度的关系，应使树木的落水线落入种植穴内的土壤中，或从接头处渗入。

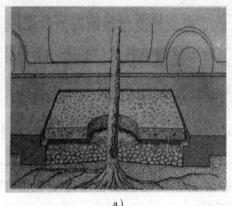
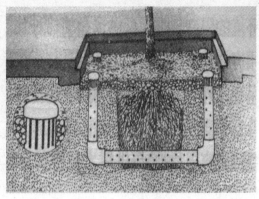

a）　　　　　　　　　　　　　　　　　b）

图 2-7　树盘表面处理

a）表面的铺盖处理　b）铺装立地的管道通气处理

任务 2　容器树木栽植

1. 认识容器种类

1）可供树木栽植的容器种类很多且材质各异。常用栽植园林植物的容器种类及具体特点见表 2-1。

表 2-1　常见容器种类及特点

序号	名　称	特　点
1	瓦盆（泥盆）	又称素烧盆，是以粘土烧制成的花盆，有红、灰两种。这种花盆质地粗糙，价格便宜，使用方便，渗水及透气性能好，适于花木生长，是使用最多的一种，最适于家庭盆栽。其中玻璃纤维强化灰泥盆是最新的一种栽植容器，坚固耐用，性同强化塑料盆，易于运输，但盆壁厚，透气性不良
2	瓷盆	瓷盆即瓷质上釉之质，制作精致，色鲜泽润，作为陈列，展览，装饰用的套盆，十分雅致，可是这种盆透气排水不良，一般不宜用于栽植园林植物（见图 2-8）
3	紫砂盆	又称陶盆，普遍为紫色，制作精巧，色泽文雅，造型美观大方，具古玩美感，惹人喜爱。它的透气性能较好，常用来栽培名贵的花木和栽种桩景（盆景），兼有装饰作用
4	塑料盆	塑料盆造型优美，质地轻，色彩艳丽，不易破碎，适宜栽种观赏植物。强化塑料盆质轻、坚固、耐用，可加工成各种形状、颜色，但透气性不良，浇水后不易干燥，因此要特别注意浇水。夏天受太阳光直射时壁面温度高，不利于树体根系生长
5	水盆	水盆是指盆底没有排水孔，用以贮水的盆。这种盆陶质、瓷质、石质都有，盆面宽大，形浅，式样多变，精致美观，最适于培育水仙、碗莲等观赏植物，也可陈设山水盆景
6	木桶或木箱	大多是临时根据需要而制作安装的，且外部常刷以油漆，既可防腐，又增加美观。一般用来培育大型的常绿盆栽植物等，常用作会场布置及节日展览，便于固定、搬运，排水、透气性能好，但容易朽烂。（见图 2-5）

园林树木栽培与养护

（续）

序号	名　称	特　点
7	铁容器	一般用铁皮制成无底的筒状。可用于培养大规格苗木。起苗时，用锹从容器底部截断根系，将苗与容器一同吊装上车，栽植时拧开螺钉即可取下容器
8	陶盆	釉陶盆即在素陶的表面加上层具有色彩的釉，制作更为精致，但透水、透气性能比素陶盆差，一般只适于种植耐湿的园林植物
9	盆景专用盆	一般栽植树木盆景的盆形式多样，常为瓷盆或陶盆。另山水盆景用盆是特制的浅盆，一般用大理石雕琢而成

2）在铺装地面上砌制的各种栽植槽，有砖砌、混凝土浇筑、钢制等，这些栽植槽也可理解为容器栽植的一种特殊类型，不过它固定于地面，不能移动（见图2-9）。

图2-8　容器栽植树木

图2-9　铺装地面栽植树木

3）栽植容器的大小选择，主要以容纳满足树体生长所需的土壤为度，并有足够的深度能固定树体。一般情况下容器深度为：中等灌木40～60cm，大灌木与小乔木至少应有80～100cm。

2. 选择容器栽植基质

应选用疏松肥沃、密度较小、保水肥能力强、无有毒物质、不含病虫草籽、酸碱度易于调节的基质。

（1）常用的有机基质　常用有机基质有木屑、稻壳、泥炭、草炭、腐熟堆肥等。锯末成本低、重量轻，便于使用，以中等细度的锯末或加适量比例的刨花细锯末混用为好，水分扩散均匀。在粉碎的木屑中加入氮肥，经过腐熟后使用效果更佳。但松柏类锯末富含油脂，不宜使用；侧柏类锯末含有毒素物质，更要忌用。泥炭由半分解的水生、沼泽地的植被组成，因其来源、分解状况及矿物含量、pH值的不同，又分为泥炭藓、芦苇苔草、泥炭腐殖质三种。其中泥炭藓持水量高于本身干重的10倍，pH值为3.8～4.5，并含有氮（约1%～2%），适于作基质使用。

（2）常用的无机基质　常用无机基质有珍珠岩、蛭石、沸石等。蛭石持水力强，透气性差，适于栽培茶花、杜鹃等喜湿树木。珍珠岩密度80～130kg/m³，pH值为5～7，颗粒结构坚固，通气性较好，但保水力差，水分蒸发快，适合木兰类等肉质根树种的栽培，可单独

58

使用或与沙、园土混合使用。沸石的阳离子交换量（常用英文缩写 CEC 表示）大，保肥能力强。

3. 选择合适树种栽植

容器栽植特别适合于生长缓慢、浅根性、耐旱性强的树种。乔木类常用的有桧柏、五针松、柳杉、银杏等；灌木的选择范围较大，常用的有罗汉松、花柏、刺柏、杜鹃、桂花、红瑞木、榆叶梅、栀子等。地被树种在土层浅薄的容器中也可以生长，如铺地柏、八角金盘等。

4. 养护与管理

（1）施肥 自然环境条件下树体生长发育过程中需要的多种养分，大部从土壤中吸取。容器栽植因受容器体积的限制，栽培基质所能供应的养分有限，一般无法满足树体生长的需要，施肥是容器栽植的重要措施。最有效的施肥方法是结合灌溉进行，将树体生长所需的营养元素溶于水中，根据树木生长阶段和季节的不同确定施肥量。此外，也可采用叶面喷肥来补充根部施肥的不足，但必须注意喷肥的浓度和时间。

（2）水分 容器基质的封闭环境不利于根际水分平衡，遇暴雨时不易排水，干旱时又不易适时补充，故根据树体的生长适期给水，是容器栽植养护技术的关键。由于容器内的培养条件固定，可比较容易地根据基质水分的蒸发量，推算出补水需求：例如一株胸径 5cm 的银杏，栽植在直径 1.5m、高 1m 的容器中，春夏平均蒸发量约为 160L/d，一次浇水后保持在容器土壤中的有效水为 427L，每 3d 就得浇足水一次。精确计算时，可在土壤中埋设湿度感应器，通过测量土壤含水量，来确定灌溉量。

（3）防倒伏 由于容器栽植树木的根系生长发育受容器大小的限制，所以常因树冠过大而影响其整体的稳定性。树木的树形、叶面积大小、枝条的密度等都影响树冠的受风面积。控制容器栽植树木的稳定性措施主要有：

1）适度适时修剪。容器栽植的树木要通过合理修剪，适度控制树形和树冠的大小，减少树木的受风面积，保持一定根冠比例，均衡树势，有利于整体稳定性的控制。

2）在多风和大风季节，固定容器于地面，以增加其稳定性。

【问题探究】

1. 立地环境条件如何理解？

指树木生长地段各种环境条件的综合。如：坡向、坡度、海拔高度、大气湿度、土壤水分养分条件、植被情况、地面铺装等。

2. 容器栽植的树木有哪些优点？

容器栽植的树木，虽根系发育受容器制约，养护成本及技术要求高，但基质、肥料、水分条件易固定，又方便管理与养护。在裸地栽植树木困难的一些特殊立地环境，采用容器栽植可提高成活率。一些珍稀树木、新引种的树木、移植困难的树木，可先采用容器培育，成活后再行移植。容器栽植可以看成是在铺装地面上的一种特殊栽植形式。

【课余反思】

乔木容器栽植如何设计？

乔木容器栽植设计见图 2-10，它是城市商业区常见的乔木容器栽植系统。若采用滴灌措施，可将连接水管的滴头直接埋在土壤中，水管与供水系统相连，供水量通过微型电脑控制。在容器底部铺有排水层，主要是碎瓦等材料组成，底部中间开有排水孔。容器壁由两层组成，一层为外壁，另一层为隔热层。隔热层对于外壁较薄的容器尤为重要，可有效减缓阳光直射时壁温升高对树木根系的伤害。

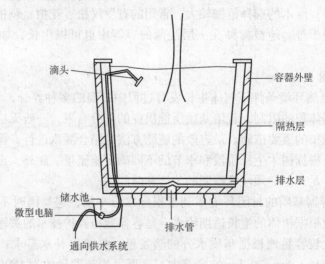

图 2-10 乔木容器设计示意图

【随堂练习】

1. 铺装地面的树盘怎样处理？
2. 栽植树木的容器有哪些种类？大小有何要求？
3. 容器栽植的基质有哪些类型？
4. 如何选用铺装地面和容器栽植的树种？
5. 容器栽植树木后的养护管理措施有哪些？

项目4 屋顶花园植物的栽植与养护

学习目标

1. 会选择适合屋顶花园种植的植物。
2. 能根据园林规划设计要求，学会屋顶花园植物的栽植与养护。

【项目导入】

屋顶绿化合理地配置和利用城市的上层空间，增加城市的绿化面积，提供了新的生活、休闲场所，为城市绿化建设开辟新的蹊径。但由于其特殊的环境，对施工、技术的要求高，在推广和普及方面有一定的难度。借鉴国外的先进经验，引进国外的先进技术，总结经验，结合我国的实际情况，开发适合我国的屋顶绿化技术已经势在必行。

屋顶花园是在完全人工化的环境中栽植树木，采用客土、人工灌溉系统为树木提供必要的生长条件。在屋顶营造花园由于受到载荷的限制，不可能有很深的土壤，因此屋顶花园的环境特点主要表现在土层薄、营养物质少、缺少水分；同时屋顶风大，阳光直射强烈，夏季温度较高，冬季寒冷，昼夜温差变化大。

【学习任务】

1. 项目任务

本项目主要任务是完成屋顶花园树木的移栽与养护。学会移栽养护方法，保证移栽到位，养护成活，符合景观要求。

2. 任务完成流程

具体学习任务流程见图 2-11。

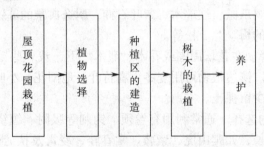

图 2-11　屋顶花园栽植任务流程

【操作要点】

主要的操作过程是完成上面任务流程图中的各项任务。我们对各项任务进行逐个学习，最终完成屋顶花园移栽与养护整个项目，而形成符合要求的景观产品。

任务 1　选择屋顶花园植物

1. 屋顶花园植物的生长环境特点

用于屋顶花园的植物，在选择时，需要非常认真地综合考虑。因为屋顶花园植物生长环境受诸多因素的影响，如土层薄、栽培基质容积有限、水分少、日照强、风速大、烟尘多、夏秋季热辐射严重，还由于屋顶花园高耸屋顶，无其他大型植物庇荫，通透、裸露，不容易形成自己的小气候；在冬季又容易造成植物的寒害和霜冻；再加上屋顶有限的范围和空间，这就要求我们对屋顶植物要控制其高度和冠径，而且选择的植物也要耐修剪。上述这些生长环境特点严重制约了屋顶花园植物的生长，那么要选择屋顶花园能够正常生长的植物，条件比较苛刻。屋顶花园要求建筑承载重量不低于 $250 kg/m^2$。大规格的树木、花架、椅子等重量大的植物和物体应设计在建筑承重墙、柱、梁的位置。设计时以植物造景为主要手法，不应种植高大树木，树木高度应低于 2.5m，应以花灌木和草本植物为主。

2. 屋顶花园植物的筛选原则

由于屋顶花园上植物的生长环境恶劣，因此在筛选植物时，掌握好筛选原则，要使其筛选的植物具备下列条件。

1）根系发达，浅根性；灌木为主，小乔木和花卉为辅。

2）喜光、抗炎热、耐旱、耐寒、耐瘠薄、抗病虫。

3）花艳叶秀，姿态优美，树冠紧凑，力求常绿。萌芽力强，成枝力强，耐修剪；枝干韧性强，不易被大风折断。

3. 屋顶花园常用植物

1）花灌木的选择。屋顶绿化应因时因地确定使用的植物材料。花灌木是建造屋顶花园的主体，应尽量实现四季开花植物的搭配。如：春天的榆叶梅、春鹃、迎春花、栀子花、桃花、樱花、贴梗海棠、夏天的紫薇、夏鹃、黄桷兰、含笑、石榴，秋天的海棠、菊花、桂花，冬天的腊梅、茶花、茶梅。草本花可选配过路黄、雏菊、芍药、凤尾花、金盏菊、菊花、鸡冠花、常夏石竹等。水生植物有水竹、荷花、睡莲、菱角、凤眼莲等。

2）根据季相变化注意树木的选择。视生长条件可选择红运玉兰、大栀子、龙柏球、黄杨大球、紫叶李、金枝槐、金橘、桂花、竹类等植物。多运用观赏价值高、有寓意的树种，如枝叶秀美、叶色红的鸡爪槭、红瑞木、紫叶石楠；飘逸典雅的苏铁、加拿利海枣；枝叶婆娑的凤尾竹；品行高洁的梅、兰、松等。

3）镶边植物的选择。在花坛周围或乔木、灌木之下，栽一些镶边植物很有韵味，同时也充分利用了坛边地角。镶边植物可用麦冬、扁竹叶、地阳花、小叶女贞、箬竹等，这样可以避免底层与边角之间少留裸土、空白。

4）墙面绿化植物的选择。通常利用有卷须、钩刺等吸附、缠绕、攀缘性植物，使其在各种垂直墙面上快速生长，如爬山虎、紫藤、常春藤、凌霄及扶芳藤等植物，既价廉物美，又有一定观赏性，可作首选。也可选用其他花草、植物垂吊墙面，如紫藤、爬藤蔷薇、木香、木通、牵牛花、茑萝等。

5）草坪草和地被植物的选择。在屋顶花园中采用最广泛的品种，如高羊茅草、吉祥草、麦冬、葱兰、马蹄茎、美女樱、太阳花、遍地黄金、蟛蜞菊、马缨丹、红绿草、吊竹梅、凤尾珍珠等。此外，宿根植物很多是地被覆盖的好品种，如天唐红花草、小地榆、富贵草、石竹等。如果巧妙搭配、合理组织，就能创造出鲜明、活泼的底层空间。

6）植物装饰。屋顶花园除了种植上述植物之外，还常常利用檐口、两篷坡屋顶、平屋顶、梯形屋顶进行植物装饰。根据种植形式的不同，常用观花、观叶及观果的盆栽形式，如盆栽月季、夹竹桃、火棘、桂花、彩叶芋、金橘等，也可利用空心砖做成25cm高的各种花槽，用厚塑料薄膜内衬，高至槽沿，底下留好排水孔，花槽内填入培养基质，栽植各类草本花卉，如一串红、凤仙花、翠菊、百日草、矮牵牛等，也可以栽种各种木本花卉，还可用木桶或大盆栽种木本花卉点缀其中。

7）在屋顶绿化设计中，还要优先选用桑、无花果、棕榈、大叶黄杨、木槿、茉莉、玫瑰、番石榴、海桐、桂花等抗污染力较强的品种。

4. 屋顶花园植物的培养方法

由于屋顶花园植物的栽培环境条件恶劣，因此凡是符合筛选原则筛选出来的屋顶花园植物在栽植时都必须要求：土球圆熟，须根发达，生长健壮，冠性优美。要达到这个标准，就需要在苗圃内进行2~3年的培养，培养的方法为：

1）地栽法。选择疏松、肥沃的沙壤土作苗圃，将选中的苗木剪除垂直根和放野过长的水平根，剪去扰乱树形的枝条。按其生长习性作简单配置。每年春季进行断根缩坨，结合整形，加强肥水管理，以促发新根，及早熟化。

2）盆栽法。如果条件允许，用盆栽法培养屋顶花园植物，不失为一种快速、捷径的好办法，选内径 30～60cm 的土陶盆做容器，盆内 2/5～1/2 的体积用稻草填充、压实。然后将根系和树冠修剪好的植物栽入盆内，四周用壤土回填，经常加强肥水管理，极易促发须根，经 1～2 年培养，就可形成优良的屋顶花园植物。

3）袋栽法。袋栽法是地栽法和盆栽法的一种结合。具体做法是：在壤土栽植床上挖穴，将选中的苗木进行根系和树冠的修剪，用棕皮（棕榈树的网状鞘）或塑料编织网缝成口袋，大小依土球而定，紧紧地套在土球上，然后按常规方法栽入地里培养，也可达到预期效果。

4）厢栽法。厢栽法是盆栽法的一种改进，用水泥预制块或砖砌成内径宽 40～60cm、高20～40cm，长度不等的种植槽，将选中的苗木剪除垂直根，修整好树形，栽于种植槽内，加强肥水管理 1～2 年，即可用于屋顶栽植。

经过培养的植物要求是：土球扁平不散坨，树冠丰满、健壮、无病虫害等都应达到屋顶花园所要求的标准。在移上屋顶前，用稻草或草绳认真包装，以防土球散坨；放入屋顶的种植池后，尽量清除包装材料，再回填栽培基质。

任务2　建造屋顶花园种植区

屋顶花园的建设一般是在建筑屋顶花园土建工程完成之后再进行施工，也就是说建筑屋顶的防水层或隔热层完工之后，再进行屋顶花园的建设。在建筑屋顶的防水层或隔热层之上，其剖面构造由下往上分别是排水层、滤水层、栽培基质层和树木花卉等。

1. 排水层

设置排水层的目的是为了改善屋顶花园栽培基质层的通气状况，为了储存多余的浇灌水或雨水以利备用。屋顶花园的排水层绝不是可有可无的构造层，有关资料和国内外已建成的屋顶花园建设经验表明，设置排水层才能使各类植物健壮地生长发育，缺少此层构造的屋顶花园的植物生长均受到一定的影响。

排水层使用的材料一般为砾石、陶粒、碎砖块等，厚度为 15～20cm。均匀地分布在屋顶花园的种植区内。据试验，如将排水层材料选用密度较小的炉渣，并且排水层的厚度由一般的 20cm 减为 8cm，仅此一项，可以使屋顶花园每平方米的荷载比常规做法减轻了 48kg。通过几年来的观察，此项技术改进是成功的，栽培的所用植物生长发育极其良好，省内外园林专家实地考察后，评价甚高。所以，排水层的建造材料需要因地制宜地选用。

2. 滤水层

设置滤水层的目的是为防止浇灌水或雨水冲刷后，植物的栽培基质填满排水层的空隙。滤水层的材料选择既能透水，又能过滤细小土粒的稻草，稻草既能滤水，又能储水，有与海绵近似的性质。稻草作滤水层，厚度以 5～8cm 为宜，最厚者有达到 30cm 的。滤水层也可选用玻璃纤维布铺设 2～5 层，但其不及稻草的优点多。

3. 栽培基质层

屋顶栽培植物与露地相比较，主要的区别是种植条件的变化。屋顶栽培植物要尽可能地模拟自然土的生态环境，又要受到屋顶承重、排水、防水等方面的条件限制。因此，屋顶花园的栽培基质层几乎都是采用人工合成轻质种植土代替露地耕作土，不仅大大减轻荷载，而且可根据各类植物生长需要配制养分充足、酸碱性适合的种植土。

这里介绍由本书作者左久诚实验成功且经多次在屋顶花园上运用效果非常好的栽培基质配方。按每立方米配制好后的栽培基质计算，原料配方为：菜园土 $0.7m^3$；稻壳 $0.4m^3$（各地精米厂有售）；腐叶土 $0.2m^3$（深山老林中的枯枝叶腐烂后沉积而成）；过磷酸钙 5kg；硫黄粉 $20 \sim 50g$。混合均匀，土壤消毒后堆积，让其腐熟后待用。这种人工配制的壤土，密度 $1.2t/m^3$；持水量 33.75%；孔隙度 40%，pH6 ~ 7。既符合植物生长要求，又降低了密度，栽培植物的抗风性能也较好。

任务3　栽植屋顶花园树木

1. 按要求准备基质

栽培基质层的厚度为15 ~ 60cm不等，要结合种植区的微地形处理，考虑地被植物、花卉、乔灌木的生存、发育需要再确定种植区不同位置上的土层厚度，既要满足各类植物生长发育需要的条件，又不应给屋顶增加过多的荷载。

屋顶花园栽培植物的基质（土壤）厚度要求：栽植2 ~ 2.5m高的树木，基质厚度要大于60cm；栽植1.5m高的灌木，基质厚度要50 ~ 60cm；栽植1 ~ 1.5m高的灌木，基质厚度要30 ~ 50cm；栽植1m高度以下的草本植物，基质厚度要达到10 ~ 30cm。

2. 栽植植物

把已培养好的苗木从盆钵中移出后连带土坨一并栽植在基质层内。

3. 铺设表层保护基质和设立支撑

特制栽植基质为白色粒状物如石粒、珍珠岩等，在栽植植物的缝隙铺设3cm的表层保护基质。对于较大灌木和小乔木，栽后为防倒伏应设支架。

任务4　养护屋顶花园树木

建成后的屋顶花园，要保持植物良好的生长状态和植物景观，则长期的、细致的、繁杂的养护管理工作是必不可少的。经常性的养护管理工作内容如下：

1. 浇水

屋顶花园植物的养护管理显著不同于露地植物的主要方面之一就是屋顶花园植物的水分来源主要依靠人工浇水。浇水的技术要领是，栽培基质土面发白即可浇水，要浇则浇透，以道牙边沿的泄水孔开始往外泄水为准；切不可只湿润表面，而下层仍处于干旱状态。浇水一般用清洁的自来水或井水、河水；浇水时间安排在上午十点钟前和下午五点钟后，尤其是夏、秋季必须注意这一点，夏秋炎热季节浇水，尽量采用淋浴式浇水，园路、种植池壁等均要淋湿，尽可能地降低热辐射。

2. 施肥

屋顶花园的土壤多数为人工合成土，加之容积小，营养元素极易枯竭，必须要经常性地补充营养元素。一般以复合肥或复混肥采用穴状施肥法补充肥料；对于叶色泛黄，严重缺氮者，可施用尿素或碳酸氢铵，施肥量以 $40 \sim 80g/m^2$ 为宜；有条件的地方，可用人畜尿兑水按1:3的比例在植物生长期内一月灌施一次；还可用5%的尿素液或1/200的磷酸二氢钾结合病虫害防治作叶面施肥。

3. 修剪

修剪的方法基本参照本书单元4园林树木的整形与修剪进行。所不同的是，屋顶花园的空间和范围有限，对树木不能让其放任生长，必须进行回缩树冠，更新枝条，但要结合造景的需要进行；对于球形植物、绿篱等必须坚持每月修剪1～2次，以保证最佳的观赏状态，并及时清除枯枝落叶。每年的冬剪和夏剪要精心操作，切不可盲目行事。

4. 培土

根据对已建成的屋顶花园的调查显示，3～4a之内，树木的根系就会在栽培基质内纵横交错地编织起来，形成一张根网。对于根系和根茎，因雨水或浇灌水冲刷而裸露的，要适当培土，土壤来源和配制方法见任务2屋顶花园种植区的构造中栽培基质层的人工合成土壤配方的方法进行。对于根系过密过多重叠使之超过标高的，应采用局部换土的方法，就是将树木的土球保留好，余下的空地部分四周宰断根系，进行翻耕，去除其中的根系网后，加入适当肥料，继续使用，或取走劣质土，补充疏松、肥沃土壤；但这项工作不能全面展开，要逐年进行，否则植物容易被大风吹翻。

5. 病虫防治

屋顶花园植物由于经常地修剪并限制树冠的生长，相对地说，病虫害的发生要少一些，一旦发现，应立即选择有效药物，将病虫害消灭在点片时期。

【问题探究】

1. 屋顶绿化如何理解？

以建筑物、构筑物顶部为载体，以植物为主体进行配置，不与自然土壤接壤的绿化方式，是多种屋顶种植方式的总称。位于建筑物顶部，不与大地土壤连接的花园，就叫屋顶花园。屋顶花园可以广泛地理解为在各类古今建筑物、构筑物、城围、桥梁（立交桥）等的屋顶、露台、天台、阳台或大型人工假山山体上进行造园、种植树木花卉的统称。它与露地造园和植物种植的最大区别就在于屋顶花园是把露地造园和植物种植等园林工程搬到建筑物或构筑物之上。它的种植土一般是人工合成堆筑，不与自然大地相接触。

2. 什么是花园式屋顶绿化、组合式屋顶绿化、草坪式屋顶绿化？

（1）花园式屋顶绿化　根据建筑屋面荷载，选择小型乔木、灌木、地被植物等材料进行屋顶绿化的方式。常设置园路、座椅、亭子、水池、桥和假山等园林小品供人们休憩、游览。

（2）组合式屋顶绿化　指根据建筑屋面荷载，在屋顶承重处进行绿地配置并利用容器苗摆放的屋顶绿化的方式。

（3）草坪式屋顶绿化　指根据建筑屋面荷载利用地被植物或藤本植物进行屋面覆盖或利用棚架绿化的方式。

3. 什么是屋顶花园的荷载？

对于新建屋顶花园，需按屋顶花园的各层构造做法和设施，计算出单位面积上的荷载，然后进行结构梁板、柱、基础等的结构计算。至于在原有屋顶上改建的屋顶花园，则应根据原有的建筑屋顶构造、结构承重体系、抗震级别和地基基础、墙柱及梁板构件的承载能力，逐项进行结构验算；不经技术鉴定或任意改建，将给建筑物安全使用带来隐患。

（1）活荷载　按照现行荷载规范规定，人能在其上活动的平屋顶活荷载为150kg/m²。供集体活动的大型公共建筑可采用250～350kg/m²的活荷载标准。除屋顶花园的走道、休息场地外，屋顶上种植区可按屋顶活荷载数值取用。

（2）静荷载 屋顶花园的静荷载包括植物种植土、排水层、防水层、保温隔热层、构件等自重及屋顶花园中常设置的山石、水体、廊架等的自重，其中以种植土的自重最大，其值随植物种植方式和采用何种种植土而异。各种植物及种植土与排水层的荷载分别见表2-2、表2-3。

表2-2 各种植物的荷载

植 物 名 称	最大高度/m	荷载/（kg/m²）
草坪	—	5.1
矮灌木	1	10.2
1～1.5m灌木	1.5	20.4
高灌木	3	30.6
大灌木	6	40.8
小乔木	10	61.2
大乔木	15	153.0

表2-3 种植土与排水层的荷载

分 层	材 料	1cm基质层/（kg/m²）
种植土	土2/3，泥炭1/3	15.3
	土1/2，泡沫物1/2	12.24
	纯泥炭	7.14
	重园艺土	18.36
	混合肥效土	12.24
排水层	沙砾	19.38
	浮石砾	12.24
	泡沫熔岩砾	12.24
	石英砂	20.4
	泡沫材料排水板	5.1～6.12
	膨胀土	4.08

此外，对于高大沉重的乔木、假山、雕塑等，应将其安置于受力的承重墙或相应的柱头上，并注意合理分散布置，以减轻花园重量。

【课余反思】

屋顶花园建设的基本原则有哪些？

屋顶花园的设计和建造要巧妙利用主体建筑物的屋顶、平台、阳台、窗台、女儿墙和墙面等开辟绿化场地，并使之有园林艺术的感染力。屋顶花园不但降温隔热效果优良，而且能美化环境、净化空气、改善局部小气候，还能丰富城市的俯仰景观，能补偿建筑物占用的绿化地面，大大提高了城市的绿化覆盖率，是一种值得大力推广的屋面形式。屋顶花园的建设，必须掌握三个基本原则，即：实用、精美、安全。

1. "实用"是建设屋顶花园的目的

屋顶花园的使用功能不管怎样，它的绿化作用总应放在第一位。衡量一座屋顶花园的好坏，除保证不同的使用要求外，绿化覆盖率必须保证在 50% ~ 70%。只有这样，才能保证绿化的生态效益。缺少基本绿色的屋顶花园，只能称其为屋顶游乐园或屋顶园林小品的展台而以。

2. "精美"是屋顶花园的特色

屋顶花园的景物配置、植物选配均应是当地的精品，并精心设计其植物造景的特色。由于屋顶花园的场地窄小，因此对于游人路线，小品的位置和尺寸，植物的树冠大小、开丫、高矮、种植池的最小宽度和深度是否满足植物的生长要求等，应该仔细推敲，既要与主体建筑物及周围的大环境协调，又要有独特的园林风格。

3. "安全"是屋顶花园的保证

屋顶花园绝不是露地花园的垂直升高。屋顶结构承重安全，防水构造安全，四周防护栏的安全等均要认真考虑。施工前，要与建筑设计和施工人员密切合作，认真计算屋顶花园的各项荷载，其最大荷载及均布荷载必须控制在屋顶结构的允许承重范围之内，绝不能为了追求"实用"和"精美"而使荷载量超限，否则会造成不堪设想的后果。

【随堂练习】

1. 适合屋顶花园种植的植物有何要求？培养方法有哪些？
2. 屋顶花园种植区的构造分几层？各层有哪些要求？
3. 屋顶花园植物如何栽植？
4. 屋顶花园的植物如何养护？
5. 屋顶花园的荷载如何计算？

项 目 考 核

项目考核 2-1 垂直绿化植物的移栽与养护

班级		姓名		学号		得分	
实训器具							
实训目的							

考核内容

1. 写出常见垂直绿化植物的种类与特征（20 种以上）

2. 写出垂直绿化植物的移栽要点

3. 写出垂直绿化植物养护要点

训练 小结	

项目考核 2-2　干旱及盐碱地的土壤改良

班级		姓名		学号		得分	
实训器具							
实训目的							

考核内容

1. 写出耐干旱、盐碱树种和绿肥的种类名称（10 种以上）

2. 干旱地的土壤保水方法

3. 盐碱地土壤改良方法

4. 盐碱地树木养护要点

训练小结	

项目考核 2-3　铺装地面及容器树木的栽植

班级		姓名		学号		得分	
实训器具							
实训目的							

考核内容

1. 铺装地面上土壤处理和根盘处理方法

2. 写出栽植树木的容器种类名称和特点（10 种以上）

3. 写出容器栽植基质的种类

4. 容器栽植树木的要点

5. 容器栽植树木的养护要点

训练小结	

项目考核 2-4　屋顶花园树木的栽植

班级		姓名		学号		得分	
实训器具							
实训目的							

考核内容

1. 屋顶花园栽植植物的特征

2. 屋顶花园种植区的建造方法

3. 屋顶花园树木栽植过程和养护要点

4. 屋顶花园树木荷载计算

训练 小结	

考证链接

1. 相关知识

（1）特殊立地环境的理解

（2）垂直绿化植物的生长习性

（3）干旱及盐碱地的土壤改良

（4）容器栽植的基质要求

（5）屋顶花园植物选择要求

（6）屋顶花园栽植基质有何要求

2. 相关技能

（1）特殊立地环境树木种类的识别

（2）垂直绿化植物移栽

（3）干旱及盐碱地的土壤改良

（4）铺装地面或容器或屋顶花园树木的栽植

（5）屋顶花园树木的栽植

单元 3　大树的移栽与养护技术

大树移栽养护技术是现代园林绿化必不可少的。大树移栽后，既可以迅速形成城市景观，发挥绿化功能，还能在降低噪声、减少热辐射、增加氧气等方面起到其他材料无法比拟的作用。同时，还能给市民提供休闲、庇荫和抗震减灾的场所。比如在 2008 年 5 月 12 日发生的四川汶川大地震中，靠近震中地区的城市如都江堰市、彭州市、绵竹市、北川县等城市的市民，在地震发生后的相当一段时间，城市绿地，尤其是大树树荫，给相当多的市民提供了生存的空间或避难的场所。

项目 1　大树移栽养护的基本技能

学习目标

1. 理解大树移栽养护的基本术语，掌握大树移栽的施工原则。
2. 能根据园林种植设计要求，学会大树的栽植与养护方法。

【项目导入】

大树移栽能够起到立竿见影的绿化效果，如北京东西长安街栽植的油松，北京奥运村栽植的银杏、雪松、油松、白皮松等；成都府南河及沙河整治栽植的银杏、黄桷树、罗汉松、桂花、雪松等，起到了一树一景，独木成林的特别靓丽的景观。因此，全国各地的许多城市，包括雪域高原的西藏拉萨，都大量使用了大树移栽技术，树干直径都在 20～50cm，甚至更粗。虽然大树移栽绿化见效快、成型早，但消耗的人力、物力、财力远远超过一般常规树木的栽植工程，而且大树移栽养护的技术要求高、施工难度大，还需要社会等多方面的合作。正在进行大树移栽的施工现场见图 3-1。

图 3-1　正在进行大树移栽的施工现场

【学习任务】

1. 项目任务

本项目主要任务是熟练完成与大树的移栽养护有关的基本内容。

2. 任务完成流程

具体学习任务见图 3-2。

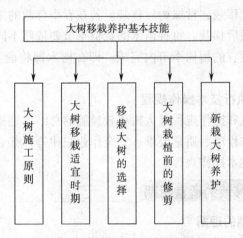

图 3-2　大树移栽养护基本任务

【操作要点】

主要的操作过程是完成图 3-2 中的各项任务。我们对各项任务进行逐个学习，最终完成与大树栽植养护有关的基本内容项目，达到学习的目的。

任务1　理解大树移栽施工原则

为了优质完成大树移栽的工程任务，确保工程质量，在移栽施工中必须遵照以下原则。

1. 大树移栽必须符合规划设计要求

大树移栽是把人们的美好理想（规划、设计、计划）变为现实的具体工作。因为，每个规划设计都是设计者根据园林工程建设的需要与可能，按照科学原则、艺术原则形成特定的构思和美好的意境，融汇了诗情画意和哲理精神等内容。所以，移栽大树的施工人员必须与设计人员进行设计交底，充分了解设计意图，理解设计要求，熟悉设计图纸。然后，严格按照设计图纸进行施工。

2. 大树移栽必须符合大树的生长条件

不同树种对环境的要求和适应能力表现出很大的差异性。再生能力强和促发新根能力强的树种（如杨柳科、榆科、豆科、紫葳科、玄参科、胡桃科等树种），移栽容易成活，甚至可以采用裸根移栽，这些大树的包装、运输、栽植技术也可以粗放一些。而一些常绿大树及再生能力弱和发生新根能力弱的树种（如松科、柏科、木兰科、樟科、壳斗科、桃金娘科等）则必须带土球移栽，移栽前要事先做好各项准备工作，确保各工序紧密衔接。移栽的大树更要做到随起、随运、随栽。如不能及时栽植，要做好大树的假植工作，保持大树根部湿润，避免大树根部失水。

3. 大树移栽要掌握适宜的季节

我国幅员辽阔，不同地区树木的适宜移栽季节也不相同。同一地区，不同树种由于其生长习性不同，适宜移栽的季节也不相同。依据当地的不同情况，合理安排不同树种的移栽顺序十分重要。在春季，要根据不同树种的发芽顺序安排大树移栽计划，发芽早的先移栽，发芽晚的后移栽；落叶树先移栽，常绿树后移栽。若在春季移栽的施工场地上，化冻早的地段要先移栽，化冻晚的地段后移栽。每种苗木的栽植季节要依照不同树种的生长特点和发芽早晚来决定，但都必须在适宜的植树季节内完成。即在树木即将萌芽时，随时起挖随时移栽，树木成活较容易。

4. 移栽大树要严格执行技术操作规程

大树移栽的技术规范和操作规程是大树移栽经验的总结，是指导大树移栽施工的技术法规。大树移栽的各项操作程序、质量要求、安全作业纪律等，都必须符合国家有关部门或当地行业主管部门制定的技术操作规程。

任务2　确定大树移栽的适宜时期

1. 大树移栽适宜时期的理解

大树移栽的适宜时期就是指最有利于大树移栽成活，而且支付各项措施费用较少的时期。大树移栽的适宜时期取决于树木的种类、生长状态和外界环境条件。确定大树移栽适宜时期的基本原则是：尽量减少移栽对树木正常生长的影响。

2. 大树的生育规律与移栽关系的理解

大树也有它自身的年周期和生命周期的生长发育规律。树木从春季发芽、夏季生长到秋后落叶前为生长期，此期间树木生理活动旺盛，树木生长发育与外界环境因子的关系十分密切，随着温度、水分、光照、养分等条件的变化，生理代谢也发生明显的改变。树木休眠是对外界不良环境条件的一种适应方式，休眠期的营养物质处于贮存阶段，各项生理活动处于微弱状态，营养物质消耗最少，对外界环境条件的变化不敏感，对不良环境因素的抵抗力较强。因此，在移栽大树时，应选择树木本身生命活动最弱，营养消耗最少，水分蒸腾最小的时期作为大树移栽最适宜的时期。

3. 大树移栽适宜时期的选择

（1）休眠期移栽　根据树木一年四季中生命活动能力的强弱与树木对环境条件要求的变化规律，在树木生长期内，进行大树移栽最不利于大树成活。在树木休眠期内，进行大树移栽最有利于大树成活。但是，休眠期进行大树移栽要避免干旱、晚霜、冻伤等危害。

综上所述，最适宜的大树移栽季节是早春和晚秋，即树木落叶后的休眠期至土壤结冻前，以及萌芽前至树木开始生命活动的时期。这两个时期，树木对水分和养分的需求量不大，因而有利于伤口愈合和新根的再生。所以，在这两个时期进行大树移栽，成活率最高。这就是我国为什么确定春季和秋季是主要植树季节的原因所在。至于选择春季还是秋季进行大树移栽，则须依不同树种和不同地区的施工条件而定。

（2）雨季移栽　雨季的空气湿度大，土壤水分条件好，适合于某些地区的某些树种进行大树移栽，南方各省可以在梅雨季节栽植，成活率也比较高。南方的冬季气候温和，即使在处于冬季的2月份也可以进行大树移栽。严寒的北方地区，可以用冻土球法在冬季进行大树移栽。

4. 不同地区移栽时期的选择

各个地区究竟哪个时期进行大树移栽最合适，要根据当年的气候变化和不同树种生长的特点来决定。同一个植树季节，南方和北方地区也可能相差一个月之久，这些都要在实际工作中灵活运用。每个适宜的大树移栽时期都有自己的特点，简述如下：

（1）春季移栽大树　这一时期指自土壤化冻后至树木发芽前。此期的树木生理机制开始活跃，蒸发量最小，消耗水分少，移栽后容易达到地上、地下部分的生理平衡。春季，大部分地区处于土壤化冻返浆期，水分条件充足，有利成活。在冬季严寒地区移栽不耐寒的边缘树种时以春栽为宜。具肉质根的山茱萸科、木兰科等树木适宜在春季移栽，有利于根系再生和植株生长。

春季移栽大树适合于大部分地区和几乎所有树种，对成活最为有利，故称春季是移栽大树的黄金季节。但是，也有些地区不适宜春季移栽大树，如春季干旱多风的西北和华北部分地区，春季气温回升快，蒸发量大，适宜移栽大树的时间短，往往造成根系来不及恢复，地上部分已发芽，影响成活。

（2）在树木生长期内移栽　这一时期指树木展叶后到树木落叶前。在树木生长期内移栽大树的风险是最大的。但是，如果遇到重点工程施工而突击工期或迎接节日施工而突击工期时，就必须要在树木生长期内进行大树移栽施工。为了提高移栽大树的成活率，必须讲究科学和技巧。

树木生长期内移栽大树，一般是温度高的季节，容易使移栽的大树水分代谢失调，降低成活率。因此，应选择生长状态对大树成活最有利的时机移栽大树。

我们知道，树木的年生长周期中有多次抽梢现象，在树木新梢旺盛生长期内不适宜移栽大树。但是，常绿树可选择在树木两次新梢生长的间歇时间内移栽，利用新梢木质化停止生长，第二次新梢生长尚未开始的间歇时间抓紧大树移栽。此期树体生理活动减弱，容易维持地上、地下部分的水分平衡，对大树移栽成活有利。落叶树可选择在春梢形成顶芽后进行移栽。不论常绿树还是落叶树，在生长期内移栽必须带好土球。此期移栽大树，关键要掌握一个"快"字，争取在最短的时间内完成大树移栽，成活才有把握。生长期内移栽大树，要及时做好根部灌水、叶面喷水、搭棚遮阴等措施，减少水分蒸腾，以利提高树木的成活率。

（3）秋季移栽大树　这一时期指树木落叶后至土壤封冻前。此期移栽大树，由于树木即将进入休眠期，生理代谢转弱，营养物质消耗少，有利于维持生理平衡。同时，由于气温逐渐降低，蒸发量小，土壤水分比较稳定；树木体内贮存营养物质丰富，有利于断根伤口愈合。如果地温尚高，还有可能促发新根，经过一冬时间的根系与土壤密切结合，春季发根早，符合树木先生根后发芽的物候顺序。但是，秋季移栽大树，树木要经过一冬时间才能发芽，容易遭受大风吹袭而抽条，造成树木冻伤。因此，对于不耐寒的树种、髓部中空的树种、有伤流的树种等，不适宜在秋季移栽。对于当地耐寒的落叶树应安排秋栽，可以缓和春季劳力紧张的矛盾。

（4）冬季移栽大树　这一时期指树木落叶、土壤封冻后至土壤化冻前。冬季移栽大树可以缓解春季劳力紧张的矛盾。但是，冬季移栽大树可能造成根系受冻和枝丫抽条。

每个适宜的大树移栽季节能够移栽哪些树种，尚需根据当地习惯和当年的气候状况，不能一概而论。长江流域以南地区，在冬季土壤基本不结冻的区域，可以在冬季移栽大树。北方地区，在气温回升早的年份，只要土壤化冻就可以开始栽植部分耐寒树种。在冬季严寒的华北北部和东北大部，由于土壤结冻较深，对当地乡土树种可以利用冻土球移植法移栽大树。

我们掌握了各个植树季节的特点，就可以根据当地气候条件因地、因树制宜，恰当地安排施工时期和施工进度。对于落叶树，要掌握"春栽早，雨栽巧，秋栽好"的原则，以提高移栽大树的成活率。

任务3　选择移栽的大树

我们在移栽大树的施工过程中，要根据各个树种的不同特性和施工条件，采取不同的技术措施，以保证大树移栽成活。为此，我们首先要对移栽的大树进行精心选择，以保证施工质量和绿化效果。

1. 选择的大树要适地适树

城市中栽植大树的环境与苗圃地栽植大树的环境条件不同。城市中栽植大树的生长环境，除了小气候和土壤劣质因素影响外，很大程度上还受着人为活动的影响。一个城市的兴建、改建、扩建，对自然环境或生态系统影响很大。首先是改变了城市原有的地形地貌，各种建筑物、道路等代替了原有的植物覆盖，进而影响了城市的光照、水分和土壤状况。其次，由于工业和交通的发展，二氧化碳含量增高，三废排放超标，造成大气污染严重。因而在选择大树时应充分考虑城市的特点，如：空气污染严重、栽培土壤瘠薄、生长空间狭窄、肥水难以补充、人为损毁明显等。因此，要有针对性地根据树木对生长环境的要求，做到适地适树，科学地选择大树。

2. 选择大树要依照标准

绿化设计虽然规定了大树移栽的数量和规格，但对大树的质量标准和树形要求无法明确地表示。因此，大树移栽必须重视对树木的选择。只有合理地依照标准选择大树，才能保证移栽的大树能够成活和良好的生长，以达到园林设计的理想效果。

通常，专业上习惯用"树木胸径、开桠高度、树冠直径、树木高度"四个指标来描述一棵树木的形态，见表3-1。

表3-1 ××绿化工地植物名录清单

序 号	名 称	规 格				单 位	数 量	备 注
		胸径/cm	开桠/m	冠径/m	树高/m			
01	银杏	25～26	3～3.5	5～6	15～18	株	15	全树冠
02	桂花	18～20	1.6～1.8	4～5	6～8	株	8	全树冠

在确保树种符合设计要求的前提下，要依照以下标准选择大树。

（1）树体健壮 选择的树木个体要无病虫危害症状和严重的机械损伤；树干端直圆满；枝条苗壮；组织充实；木质化程度高。相同树龄和相同高度的条件下，干径愈粗苗木的质量愈好，高径比值（地上部分的高度与树木直径之比）差距愈小则苗木质量越好。

（2）根系发达 侧根和须根多，根系有一定长度。苗木根系紧凑而丰满，栽植容易成活。其他条件相同时，茎根比值（地上部分的鲜重与地下部分的鲜重之比）差距愈小则苗木质量越好。经过移植的大树比实生大树容易成活。

（3）顶芽饱满 健壮的大树具有完整饱满的顶芽（顶芽自剪的树种除外），这点对针叶树更为重要，顶芽愈大，说明树木愈健壮，质量愈好。

（4）选乡土树种 乡土树木容易适应当地的气候和土质环境，移栽成活率高。一个城市的绿化质量高低，不是看树种选择是否高档和名贵，而是看乡土树木的选择使用是否尽可能多。

3. 标清阴阳面

大树移栽前，在树干胸径处，标清阴阳面，移栽时按阴阳面进行（原因是阴阳面的树叶长期处于不同的环境中，在性状上发生了一定的变化）。

4. 选择大树移栽的方法

大树移栽的方法主要有软包装土球移栽大树法、木箱包装带土移栽大树法、裸根移栽大树法、冻土移栽大树法等，我们必须因地制宜地选择。

任务4 大树移栽前的修剪

大树移栽前的修剪即截冠处理。修剪的目的主要是为了保持树木地下、地上两部分的水分代谢平衡。修剪强度要具体情况具体分析，树冠越大、根部越裸、伤根越多、生根越难，如是反季节栽培，越应加大修剪强度，尽可能减小树冠的蒸腾面积。

1. 落叶乔木

一般剪掉全冠的1/3～1/2，而对生长较快、树冠恢复容易的槐、枫、榆、柳等可去冠重剪。

2. 常绿乔木

应尽量保持树冠完整，只对一些病虫枝、枯死枝、过密枝和干裙枝做适当修剪。

无论重剪还是轻剪、缩剪，都应考虑到树形的框架以及保留枝的错落有致。剪口可用塑料薄膜、凡士林、石蜡或植物专用伤口涂补剂包封。对于裸根移栽的大树，还应对根部做必要的整理，重点剪除断根、烂根、枯根和短截无细根的主根。

任务5　养护新栽大树

新植大树的养护管理应重点抓好以下两大方面的工作：

1. 保持树体水分代谢平衡

大树，特别是未经移植或断根处理的大树，在移植过程中，根系会受到较大的损伤，吸水能力大大降低。树体常常因供水不足，水分代谢失去平衡而枯萎，甚至死亡。因此，保持树体水分代谢平衡是新植大树养护管理、提高移植成活率的关键。为此，我们具体要做好以下几方面的工作：

（1）地上部分保湿

1）包干。用草绳、蒲包、苔藓等材料严密包裹树干和比较粗壮的分枝，上述包扎物具有一定的保温和保湿性。经包干处理后，一可避免强光直射和干风吹袭，减少树干、树枝的水分蒸发；二可贮存一定量的水分，使枝干长时间保持湿润；三可调节枝干温度，减少高温和低温对枝干的伤害。

2）喷水。树体地上部分（特别是叶面）因蒸腾作用而易失水，必须及时喷水保湿。喷水要求细而均匀，喷及地上各个部位和周围空间，为树体提供湿润的小气候环境。可采用高压水枪喷雾，或将供水管安装在树冠上方，根据树冠大小安装一个或若干个细孔喷头进行喷雾，效果较好，但较费工费料。也可采取"挂吊针"的方法，即在树枝上挂上若干个装满清水的盐水瓶，运用吊盐水的原理，让瓶内的水慢慢滴在树体上，并定期加水，既省工又节省投资。但这样喷水不够均匀，水量较难控制。一般用于去冠移植的树体，在抽枝发叶后，仍需喷水保湿。具体做法见本单元"项目5　大树移栽的辅助性措施"。

3）遮阴（见图3-3）。大树移植初期或高温干燥季节，要搭制荫棚遮阴，以降低棚内温度，减少树体的水分蒸发。在成行、成片种植，密度较大的区域，宜搭制大棚，省材又方便管理，孤植树宜按株搭制。要求全冠遮阴，荫棚上方及四周与树冠保持50cm左右距离，以保证棚内有一定的空气流动空间，防止树冠日灼危害。遮阴度为70%左右，让树体接受一

图3-3　大树移栽后的遮阴

定的散射光，保证树体光合作用的进行。以后视树木生长情况和季节变化，逐步去掉遮阴物。

（2）促发新根

1）控水。新移植大树，根系吸水功能减弱，对土壤水分需求量较小。因此，只要保持土壤适当湿润即可。土壤含水量过大，反而会影响土壤的透气性能，抑制根系的呼吸，发根不利，严重的会导致烂根死亡。为此，第一，我们要严格控制土壤浇水量。移植时，第一次浇透水，以后应视天气情况、土壤质地检查分析，谨慎浇水。同时，要慎防喷水时过多水滴进入根系区域。第二，要防止树池积水。种植时留下的浇水穴，在第一次浇透水后即应填平或略高于周围地面，以防下雨或浇水时积水。同时，在地势低洼易积水处，要开排水沟，保证雨天能及时排水。第三，要保持适宜的地下水位高度（一般要求 -1.5m 以下）。在地下水位较高的下面，要做网沟排水。汛期水位上涨时，可在根系外围挖深井，用水泵将地下水排至场外，严防淹根。

2）生长素处理。为了促发新根，可结合浇水加入 200mg/L 的萘乙酸或 ABT 生根粉，促进根系提早快速发育。

3）保护新芽。新芽萌发，是新植大树进行生理活动的标志，是大树成活的希望。更重要的是树体地上部分的萌发，对根系具有自然而有效的刺激作用，能促进根系的萌发。因此，在移植初期，特别是移植后进行重修剪时对树体所萌发的芽要加以保护，让其抽枝发叶，待树体成活后再进行修剪整形。同时，在树体萌芽后，要特别加强喷水、遮阴、防病治虫等养护工作，保证嫩芽与嫩梢的正常生长。

4）土壤通气。保持土壤良好的透气性能有利于根系萌芽。为此，我们要做好中耕松土工作，以防止土壤板结。另一方面，要经常检查土壤通气设施（通气管或竹笼），发现通气设施堵塞或积水的，要及时清除，以经常保持良好的通气性能。

2. 树体保护

新移植大树抗性减弱，易受自然灾害、病虫害、人为和禽畜危害，必须严加防范。

（1）支撑　树大招风。大树种植后应立即支撑固定，慎防倾倒。正三角桩最有利于树体稳定，支撑点以树体高 2/3 处左右为好，并加垫保护层，以防伤皮。

（2）防病治虫　坚持以防为主，根据树种特性和病虫害发生发展规律，勤检查，做好防范工作。一旦发生病情，要对症下药，及时防治。

（3）施肥　施肥有利于恢复树势。大树移植初期，根系吸肥力低，宜采用根外追肥，一般半个月左右一次。用尿素、硫酸铵、磷酸二氢钾等速效性肥料配制成浓度为 1‰ ~ 3‰，选早晚或阴天进行叶面喷洒，遇降雨应重喷一次。根系萌发后，可进行土壤施肥，要求薄肥勤施，慎防伤根。

（4）防冻　新植大树的枝梢、根系萌发迟，年生长周期短，积累的养分少，因而组织不充实，易受低温危害，应做好防浆保温工作。第一，入秋后，要控制氮肥，增施磷、钾肥，并逐步延长光照时间，提高光照强度，以提高树体的木质化程度，提高自身抗寒能力。第二，在入冬寒潮来临之前，做好树体保温工作。可采取覆土、地面覆盖，设立风障、搭制塑料大棚等方法加以保护。

此外，在易受人为、禽畜破坏的区域，要做好宣传、教育工作。同时，可设置竹篱等加以保护。新植大树的养护方法、养护重点，因其环境条件、季节、树体的实际情况不同而有所差异，需要我们在实践中进行分析，抓住矛盾的主要方面，因时、因地、因树灵活地加以运用，才能收到预期的效果。

【问题探究】

1. 大树移栽的基本术语有哪些？

1）大树移栽：指胸径在15cm以上的常绿乔木或胸径在20cm以上的落叶乔木，从甲地经过挖掘、土球包装等措施，将树木运输到乙地进行栽植的全过程。

2）种植土壤：指理化性好，结构疏松、通气、保水、保肥力强，适宜于园林植物生长的土壤。

3）栽植坑：因栽植树木而挖掘的坑穴。坑穴为圆形或方形称栽植坑，长条形称栽植槽。

4）树木土球：挖掘树木时，按规定范围切断树木根系而保留下的呈圆球状的树木根部。

5）树木根盘：指树木起挖过程中，保留根系的水平分布范围。

6）开桠高度：乔木从根茎往上到第一个分枝点的高度。

7）树木高度：乔木从根茎往上到树梢的高度。

8）树冠冠径：树冠垂直投影到地面上的最大直径。

9）树木起挖：就是将要移栽的树木从生长地连根掘起的操作过程，分裸根起挖和带土球起挖。

10）树木移植：把树木从甲地搬迁到乙地栽植的全过程。

11）土球直径：起挖树木时，树木根系部分所带土团的水平方向最小直径。

12）土球厚度：起挖树木时，树木根系部分所带土团的垂直方向平均直径。

2. 大树移栽的基本理论有哪些？

1）所有经过移栽的大树都要停止生长一段时间。一株正常生长的树木，其根系与土壤密切接触，根系从土壤中吸收水分和无机盐并运送到地上部分供给枝叶制造有机物质。此时，地下部分与地上部分的生理代谢是平衡的。移栽树木在挖掘土球时，根系与原有土壤的密切关系被破坏，也就是生理平衡遭到破坏，所以移栽后的树木就需要建立一个新的生理平衡关系。因此，所有经过移栽的大树都要停止生长一段时间。

2）树木吸收水分最快的是根冠分生组织区正在生长的幼根。为了保证移栽成功，保持大量和土壤密切接触而又未被破坏的新生完整幼根最为重要。

3）移栽大树时，树木土球必须达到树干直径的6倍以上，起挖树木时要保证树木土球不破裂，并且要尽量保留须根。

4）移栽大树最适宜的季节是在秋季和春季，土壤温度15~25℃时进行，其中秋季移栽大树更为有利。这一点对常绿树尤为重要。

5）移栽大树成活的原理。大树因起苗根系受伤，移栽时而不能及时满足地上部分的水分需要，并且经过移栽的大树都要停止生长一段时间。因此，如何使移栽的大树与所栽地的环境迅速建立生理代谢的平衡关系，及时恢复树体内以水分代谢为主的生理平衡是栽植成活的关键。当然，这种新的平衡关系建立得快慢与树种习性、年龄时期、移栽季节、移栽技术都有关系。一般地说，发根能力和再生能力强的树种易成活；幼年期和青年期的树木容易成活；处于休眠期的树木栽植易成活；充足的水分和适宜的气候条件使栽植的树木易成活；科学的栽植技术和高度的责任心使栽植的树木易成活。

归纳起来，大树栽植成活的原理主要取决于两个方面：一是栽植大树的根系与栽培基质（多为土壤）密切结合；二是栽植大树的地上部分与地下部分的水分代谢必须平衡。

【课余反思】

促进大树成活的措施主要有哪些？

根据大树树种移栽成活的难易程度做断根处理和提前囤苗。

1. 断根处理

对于圃地中干径小于 15cm 且移栽较易成活的大树，若是带土球正常季节移栽，可不必进行断根处理。而对于干茎大于 20cm 的大树，尤其是名优品种，移栽前的断根处理是十分必要的。亦即在移栽前 2～3a 的春季或秋季，以树干为中心，以胸径的 6～8 倍为直径画圆，先在圆形相对的两段东弧和西弧（或南弧和北弧）向外挖宽 30～40cm、深 50～70cm（具体深度依树种根系的深浅而定）的环形沟，翌年按同样方法挖另两个方向的环形沟。注意：挖沟时遇有较粗的根，可用剪枝剪或手锯沿沟的内壁切断。但对粗度大于 5cm 的大根要保留不切，以防大树倒伏，而是在沟的内壁处做环剥处理并喷涂生根剂促发新根。沟挖毕，回填肥土并分层夯实，然后浇透水。这样，第 3 年沟内长满须根，即可起挖大树了。应急时，第 1 次断根后数月即可移栽。

2. 囤苗

实践中，由于施工成本和工期的限制，很难做到提前 2～3a 进行断根处理，比较常用和被认为是最为行之有效的方法是提前囤苗。囤苗最适宜的季节为早春树木萌发新芽前，具体方法为：按干径的 6～8 倍起土球并用无纺布和尼龙绳打包或起木箱苗，做适当修剪后原地假植或异地集中假植。原地假植时，保留大树向下生长的根系，待正式移栽时再切断，以提高囤苗的成活率。异地集中囤苗时，应在掘树前标记好树干的南北方向并严格按原方向栽植，以防可能出现的夏季日灼（原阴面树皮）和冬季冻伤（原阳面干皮），提高囤苗成活率。

【随堂练习】

1. 名词解释：

大树移栽　树干胸径　开桠高度　树木养护

2. 为什么所有经过移栽的大树都要停止生长一段时间？

3. 移栽常绿大树最适宜的季节是什么季节？最适宜的土壤温度是多少？

4. 简述移栽大树成活的原理。

5. 每个适宜的大树移栽时期都有自己的特点，请简述。

6. 怎样对移栽的大树进行选择？

7. 专业上习惯用"树木胸径、开桠高度、树冠直径、树木高度"四个指标来描述一棵树木的形态，它们的单位分别是什么？

项目2 大树软包装土球移栽

学习目标

1. 学会软包装土球移栽大树法的施工步骤，会准备软包装土球移栽大树的工具、材料、机械。

2. 学会软包装土球移栽大树法的方法和规范，熟练掌握软包装土球移栽大树法的基本技能。

【项目导入】

大树移栽能以在最短的时间内达到某种绿化效果而得到广泛应用。而大树移栽从论证、选树、起树、运输到栽植、管理的全过程要分成十几个环节，而且都有各自的技术特点。因此，每个环节由专业人员严格把关、监督验收，落实各项技术和管理措施，才可能收到预期效果。软包装土球移栽主要适合于土质比较坚硬的土壤。凡常绿树和落叶树非休眠期移植或需较长时间假植的树木均应采取带土球法移植。一般干径 15~20cm，土质坚硬可采用软包装土球法移植，土球直径 1.5~1.8m。

【学习任务】

1. 项目任务

本项目主要任务是完成大树软包装土球的移栽与养护。要求移栽养护方法正确，确保移栽到位，养护成活。

2. 任务完成流程

具体学习任务流程见图3-4。

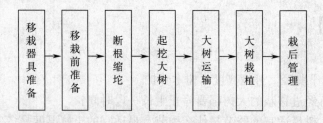

图3-4 大树软包装土球移栽任务流程

【操作要点】

主要的操作过程是完成图3-4中的各项任务。我们对各项任务进行逐个学习，最终完成大树软包装土球移栽任务整个项目，形成符合设计要求的景观产品。

任务1 准备移栽器具

移栽大树，除了要安排数名身体强壮且技术熟练的绿化工人之外，还要准备应手的工具、充足的材料和必备的机械（图3-5）。除一般常用器材外，软包装土球还必须准备一些特殊器材，主要有：

图3-5 大树软包装土球

1. 工具

（1）挖锄 开挖土壤，破碎土块。

（2）刨锄 平整场地和栽植坑坑底。

（3）花撬 切削树木土球或垂直下挖并修整栽植坑。

（4）卷尺 测量各种长度数据用。

（5）十字镐 开挖坚硬土质用。

（6）轮胎链 吊装树木时，保护土球用。

2. 材料

软包装土球常用的特殊材料一般有：

（1）木棒 每株树3根，长约为树高的1/2～1/3，作起树和栽植时支撑树木用。

（2）铁丝 选择12～14号铅丝，捆扎树木支撑、树木土球、树木枝干等。

（3）钉子 选择以钉子钉入木质部2～3cm的长度为宜。

（4）草绳 包扎土球和捆绑枝条用。

（5）粗绳 长度大于树高的1.5倍，用于起树、栽树时的浪绳和运输时捆扎树木。

（6）吊绳 视土球重量而选择尼龙线编织的长6～8m吊绳多根。

（7）夹板 用长60cm、宽4cm、厚4cm的夹板（用鲜木板），防止吊绳勒破树木皮层。

（8）厚木板（墩）：宽0.3～0.4m，长3～4m，作垫板用。

3. 机械

移栽大树常用的机械一般选择：

（1）吊车 视土球及树木重量而确定吊车吨位。

（2）葫芦 视土球及树木重量而确定吨位，在吊车不能到达处使用。

（3）货车 货车车型、载重量、数量视土球及树木重量需要而定。

（4）紧线器 收紧轮胎链和捆绑树冠用。

任务2 软包装土球移栽前的准备

1. 定点放线

确定具体的定点放线方法（包括平面和高程），通常选择方格网法进行定点放线，也可以选择小平板仪、水平仪、经纬仪进行定点放线。不管哪一种方法定点放线，都要保证栽植位置准确无误，符合设计要求。

2. 挖栽植坑

根据大树的规格来确定树木栽植坑的规格。栽植坑一定要垂直下挖呈圆筒形，栽植坑的直径应大于土球直径40~60cm，栽植坑的深度要大于土球厚度10~15cm，坑底用种植土壤回填10~15cm，细碎并整理成中部隆起呈馒头状的坑底。挖栽植坑时要将表土和底土分开堆放在树坑两侧，以便在回填土时，先填入表土，后填入底土（见图3-6）。

3. 树穴换土

如果遇到在老城区或堆积过建筑垃圾的地方栽植大树时，就需要对栽植坑（树穴）进行换土栽植。方法是挖走栽植坑内的老土或建筑垃圾，用已准备好的适宜园林树木栽植的种植土壤进行回填。需要换土的栽植坑应加大加深，换土的栽植坑的直径应大于土球直径60~80cm，栽植坑的深度要大于土球厚度20~30cm。若是成片换土或只是树穴换土，要依据施工现场的具体情况来确定。

图3-6　栽植坑

任务3　大树断根缩坨

1. 确定土球

以树干胸径为依据。土球直径（cm）=（6~8）× 树干胸径（cm）。

2. 断根处理

具体做法见项目1中的课余反思。

3. 设立支撑

树木断根后，回填土壤并灌透水。截断树木的根系太多时，大树需要设立支杆，以防倒伏。断根缩坨的工作应在移栽大树树前的1~2a内做完，这样处理后的大树有利于成活。如果时间紧迫，没有断根缩坨的时间，也可以及时移栽大树，但是每个环节必须谨慎和认真，且成活率也没有作过断根缩坨的大树高。

任务4　起挖大树

没有作过断根缩坨处理的大树起挖移栽，要依照以下步骤和技术要领进行。

1. 土球画线

以树干胸径为依据：土球直径（cm）=（6~8）×树干胸径（cm），根据树干胸径在地上用软绳拉紧划出土球的直径。一般，起挖胸径在15~30cm的树木，土球直径是树干胸径的8~10倍。如果起挖大于30cm的树木，就要根据施工现场的起重设备和道路运输情况来确定土球直径大小，不管起挖如何困难，土球直径也不能小于树木胸径的6倍。即使完全不能带土球，树木根盘也必须保证达到树木胸径的6倍以上。（注：对已作过断根缩坨处理的大树可以直接进入下面的步骤。）

2. 土球开挖（图3-7）

按照确定好的树木土球大小，沿土球边沿画线一圈，用花镐或铁锹照准土球边沿画线垂直下切 8~10cm，用与土球同心圆的方式往外扩展 50~80cm 再垂直下切，挖成一条环状沟。沟的内外壁都要垂直下挖，目的是方便起挖树木的工人在环状沟内施工操作。沟宽 0.5~1.0m，沟深达到土球厚度。如果遇到细（小于 2cm）的根系，则在靠近土球一侧用利刀或花撬平整光滑地截断。如果遇到粗（大于 2cm）的根系，则在靠近土球一侧用手锯锯断，不要用铁锹砍，以防振破土球，以利根系伤口愈合，促发新根。

图 3-7　土球的挖掘

3. 修整土球

开始进行土球修整时，要检查大树的安全性，选用三根达到树高 1/3 以上的木棒将树木支撑牢固，以防大树倒伏。将大树的土球用花撬或铁锹缓慢地由外往里修整切削成苹果状。修整土球底部的台座时，检查是否有未截断的直根，如果有未截断的直根，则用吊车提住树干，用手锯或花撬靠土球截断直根，以便用草绳或麻绳包扎土球。

4. 土球包装

软包装材料通常使用草绳、麻绳、蒲片、编织袋等绑扎材料。其中，用草绳包装土球最为普遍。土球包装时，两人配合，一人抱草绳，另一人进行缠绕。先用草绳缠绕腰匝 8~10圈后，将草绳经过树木根茎向土球底部作竖向环状缠绕，使竖向环状缠绕的草绳呈柑橘囊瓣状。草绳之间的间距以 4~6cm 为宜，环状缠绕全部完成后，最后用草绳对树干从根茎往上 1~1.5m 的范围内用草绳全部紧密地环状缠绕，以保护树干皮层。缠绕草绳的要领是：拉紧草绳，由下而上，疏密均匀。

5. 树干包装

将树干从根茎往上 1~1.5m 的范围内用草绳全部紧密地环状缠绕，以保护树干皮层。在需要栓吊车绳的树干处先用草绳缠绕，再在草绳上用长 60~80cm、宽 4~5cm、厚 4~5cm 的夹板（用鲜木板），平行于树干钉在树干上，每个夹板钉 2~3 颗钉子稳住，钉子以入木质部 2~3cm 为宜，钉子不宜钉得过深，钉

图 3-8　根茎用夹板包装

夹板的目的是防止吊绳勒破树木皮层（图3-8、图3-9）。

图3-9　树干用夹板包装

6. 围合链条

将汽车用的防滑链条把土球四周围合起来，兜住土球，防滑链条过短可用扣卡将下一根轮胎链条连接起来，用粗铁丝或紧线器配合，将土球每个方向的防滑链条收紧，保证吊车起吊时土球不散坨。因为轮胎链围合土球，使土球的受力面增大，对保护土球非常有利。对于珍稀名贵的大树，是非常有用的措施之一。对于胸径在20cm以下的大树，为了加快施工速度，也可以用两根吊绳分别套牢钉好夹板的根茎和树干上端进行起吊装运（图3-8、图3-9）。

任务5　运输大树

1. 吊车试吊

将尼龙绳套牢兜住土球的轮胎链（或钉好夹板的根茎，见图3-8）和钉好夹板的大树树干的2/3处（见图3-9），保证大树起吊后，树梢与水平面有10°～30°的夹角，以防将树冠的枝条挂断或撕裂。用吊车试吊大树，主要是确定整株大树的重心。以大树高度为半径的范围内不允许人员进入，地面要有专人指挥吊车司机，稍有可能损伤树冠、树皮和不利安全因素时，要立即指挥吊车停止作业，等待辅助工作做好后再试吊。同时，取掉大树的支撑杆。

2. 大树装车

试吊成功后，指挥运树车辆开进吊车臂杆触及范围内开始装车。装车时将大树土球朝前，树梢朝后，土球紧靠车厢前端，用砖头或木块将土球两侧垫稳并固定。树干放在运树车辆的后车厢门上端或专门的支撑架上，使树梢与车箱底平行或微微上翘。后车厢门高度不够时，用垫板（墩）垫起来，树干与车厢门（或垫板）接触处要用稻草或棕垫垫上，以保护树皮。然后，用粗麻绳将树体牢牢地捆扎在车厢上，超宽的树冠要尽可能用绳子收拢。起运前，树木要用篷布遮盖。

3. 大树运输

运输大树的车辆要用篷布遮盖，前后要悬挂红色警示标志（特大的树木运输，前面要有开道车、指挥车等）。车辆要缓慢行驶，运输中途不能长时间逗留，以防风吹日晒，使树木失水。

4. 大树卸车

大树运到现场后，要立即卸车，装卸过程中，防止弄断枝条和根系，防止弄松、弄散土球。卸车方法大体与装车时相同。卸车后的大树原则上要立即栽植，以免多占用吊车台班。若不能马上栽植，一定要将树木直立或斜立，用支撑杆支撑稳固，以免枝条拖地折断或将枝条基部压开裂。现场要留专人看管，以防儿童玩耍，出现意外事故。

任务6　栽植大树

1. 大树栽植前的修剪

见本单元项目1。

2. 栽植

指挥吊车提起用吊绳套牢钉好夹板的树干上端，轻轻起吊并将臂杆移动到栽植坑边，选择一位有经验的人员负责检查校正。检查树木土球与栽植坑的大小是否符合规格要求；根茎是否与地面齐平；树形及长势最好的一面（观赏面）是否朝向主要观赏方向；树身上下是否在同一垂线上；如果树干弯曲，则以树干上端作为中垂线；若为行列式栽植，则相邻两株的体态、大小要相近，纵横均要在设计的坐标点上。检查校正无误后，解除掉土球的包装材料后将大树吊入栽植坑。再次检查校正无误后才能回填土。回填土要事先细碎，然后先回填表土（或客土），后回填底土，边回填，边夯实（不能夯砸土球），直至全坑填满夯实。

3. 筑土围堰

大树栽植坑的回填土填完并夯实后，用余土沿栽植坑的边沿筑好围堰（即拦水堰，高10～15cm，厚15～20cm，断面呈梯形），围堰要拍紧拍实，避免渗漏水分，以利蓄水灌溉大树，围堰直径不宜过小或过大。筑土围堰的目的是灌透水时，让水分浸入土球四周，不让水分外溢。

4. 大树支撑

支撑材料可用结实的竹竿、木棒、钢管等。每株大树使用三根支撑，支撑上端锯成斜面，紧靠在树干上，下端立在树冠边缘的坚实地面上，支撑高度以顶端超过树高的1/3～1/2为宜，太短则失去支撑作用。三根支撑要均匀地分布在三个方向，支撑上端用铁丝等牢固捆扎。与树皮接触之处要用橡胶之类的软材料垫衬，待大树完全成活后，才能取掉树木支撑。

任务7　栽后管理大树

大树移植后必须要精心养护，这是确保移栽成活和大树健壮生长的重要环节之一，决不可忽视。管理的具体方法参照本单元项目1。

【问题探究】

1. 大树的选择要求有哪些？

要按设计要求规定的树种和规格选择大树（苗圃内一般没有培养特大树，要到城郊各地及山区等野外选择）。选择生长健壮、无病虫害、树冠丰满、观赏价值高的大树。选择大树生长的地方要交通方便，能够通行吊车和运输车辆。尤其要测算运树过程中涉及的道路转弯半径大小，路两侧的建筑物是否可以通行等，都要作安全考虑。如果上述条件都符合，还要了解大树的所有权，调查起挖大树时，当地能否办理大树的运输证、检疫证等手续。所有环节都无障碍后，及时签订好大树的购买合同，进入下一步的工作。

2. 怎样给大树建卡编号？

选择好的大树要建立登记卡，写明树种、干径、分枝点高度、总高度、树形、生长地点、土质情况、交通情况、存在问题、解决办法，最好配上树木个体照片。最后，将待移栽的大树统一编号，以便栽植时对号入座，保证不栽错位置。

3. 大树断根缩坨的目的是什么？

一般将选中的大树提前 2~3a 断根缩坨，以利促发新根，从而提高大树移栽成活率。

4. 大树支撑的目的是什么？

新栽植的大树均应设立支撑，以防风吹倒伏、地面沉陷、人为摇曳等，目的是使大树保证直立而不歪斜。

5. 移栽大树前为什么要修剪大树？

移栽大树时，在栽植之前要先修剪后栽植。大树修剪时，以维持地上部分和地下部分的生理平衡，保证栽植成活为前提。

【课余反思】

1. 大树移栽与大苗造林的概念如何区分？

关于大树移栽概念的界定，目前有几种说法，不很统一。大树移栽应该同大苗造林区分开来。所谓大树移栽，就是指把已经栽植到原目的地的或在苗圃已培育好的、胸径较大的树木移栽到新目的地的过程，是目的地的变换。而大苗造林则是指用规格较大的苗木实施造林绿化的过程，是第一次实现目的地造林。这里"大树"和"大苗"虽没有规格尺寸的严格划分，但大树此前作为林木培育，人为可控度降低。大苗却作为苗木培育，人为可控度高。因此，大树移栽技术难度更大。

2. 大树移栽时为何要充分论证？

大树移栽相关制约的因素多，移栽前必须充分论证、精心策划。要根据适地适树原则和生境相似性原理，尽可能选择生长健壮的壮年乡土树种，将生境差异控制在树种适生范围。对拟定的树种、品种和规格，进行实地考察，并就成本核算、带土球难易程度、起挖运输条件、移栽后保证成活的几率等全面论证，力求万无一失。对选定的大树，要按顺序编号、挂卡建档、标定南北向。论证和选树工作宜提前 2~3 个生长期完成。

【随堂练习】

1. 移栽大树常用的机械一般选择哪些种类？
2. 软包装土球移栽大树的技术环节有哪些？
3. 起挖大树时，怎样确定土球的大小和厚度？
4. 起挖大树时，包装土球的同时，为什么还要包装树干？
5. 移栽的大树为什么要做到"随起、随运、随栽"？

6. 大树栽植时要进行检查校正，检查校正哪些内容？

7. 大树栽植后不做拦水堰行不行？

8. 谈谈大树移栽施工的任务流程。

9. 大树建卡编号要登记哪些主要内容？

10. 树木支撑的目的是什么？怎样对大树进行支撑？

项目 3　大树木箱包装土球移栽

学习目标

1. 熟悉木箱包装土球移栽大树法的施工步骤，会准备木箱包装土球移栽大树的工具、材料、机械。

2. 学会木箱包装土球移栽大树法的方法和规范，熟练掌握木箱包装土球移栽大树法的基本技能。

【项目导入】

对于必须带土球移植的树木，土球规格如果过大（如直径超过 1.5m 时），或遇到土质松软，含沙量大时，很难保留完整的大树土球，如果仍用软材料包装，由于土球重量过大，更难保证大树吊装运输的安全和土球不散坨。这时，一般应改用木箱包装土球移植，较为稳妥安全（图 3-10）。大树干径 20～40cm 采用方木箱移植法，方箱的规格为 1.8～3m。一般土球，大木箱规格为干径的 7～9 倍。

种植的软材包装

方箱包装

图 3-10　土球包装方法

【学习任务】

1. 项目任务

本项目主要任务是完成大树木箱包装土球（台）的移栽与养护。学会大树移栽养护方法，确保移栽方法正确，养护成活，符合园林景观设计要求。

2. 任务完成流程

具体学习任务流程见图 3-11。

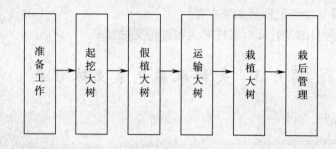

图 3-11　大树木箱包装土球（台）移栽任务流程

【操作要点】

主要的操作过程是完成图 3-11 中的各项任务。我们对各项任务进行逐个学习，最终完成大树木箱包装土球（台）移栽任务整个项目，形成符合景观要求产品。

任务 1　起挖大树前的准备工作

为了提高大树移栽的施工质量，保证大树移栽的成活率，起挖大树前必须作好充分的准备工作。

1）大树的选择。

2）建卡、编号。

3）准备木箱包装土球大树移栽的特殊工具、材料和机械。木箱包装土球大树移栽所需的器具和材料见表 3-2。

表 3-2　木箱包装土球大树移栽器具和材料

序号	名　称	规　格	单位	数量	用　途
工具	铁锹	圆头、锋利	把	4	起挖树木用
	花撬	长 1.5m，质量 5kg 左右	把	2	修整土球
	枝剪	普通型	把	2	修剪枝条及根系
	手锯	普通型	把	2	锯粗枝条及粗根
	粗绳	直径在 2cm 左右	根	10	捆木杆起吊牵引用
	钢丝绳	粗 1～1.5cm，每根长 10～12m	根	2	捆木箱用
	卡子	与钢丝绳匹配使用	个	8	卡钢丝绳
	起钉器	钢钎锻打呈弧形剪刀口	个	2	起弯钉用
	榔头	300～500g	把	2	钉角铁皮用
	钢尺	长度 3～5m	把	1	量土台用

（续）

序号	名　称	规　格	单位	数量	用　途
材料	箱底板	箱底板：175cm × 15cm × 5cm	个	12	
	箱边板	箱边板：180cm × 15cm × 5cm	个	20	
	带板	长80cm、宽（10～15）cm、厚5cm	个	12	加固木箱边板
	角铁皮	厚0.2cm、宽5cm、长60cm，预留钉孔	个	60	
	钉子	长约10cm	颗	300	
	蒲包片	也可以用塑料编织袋或彩条布	个	10	包四角及上下板
	夹板	长60cm、宽5cm、厚4cm	片	20	包装树干
	草绳	也可以选用草袋片	kg	20	包装树干
	支撑木	10cm × 15cm 木方，长100cm左右	根	4	坑内支撑木箱用
	支撑柱	长4～5m，端口直径8～10cm	根	3	
	垫板	长20cm、宽15cm、厚3cm	个	8	横木和垫木墩用
	方木	15cm、15cm、200cm	根	8	垫木箱用
机械	油压千斤	承重1000～3000kg	台	1	上底板用
	紧线器	手动	个	2	收紧箱板用
	吊车	视大树重量来选择吊车	台	2	装车
	卡车	车型、载重量视需要而定	台	1	运输

　　起挖木箱包装土球移植大树时，原则上由4～6人组成一个作业组，互相配合，保证安全。表3-2所列数量是一个作业组所需用具的完整参考数，几个小组同时就近作业，有些则可交换使用。

任务2　木箱包装土球起挖大树

1. 确定土球上部土台规格

　　土台越大，保留的根系越完整，对成活也越有利。但是土台加大，重量也就随之增加，给装卸、运输、掘栽等操作都会带来很大困难。因此，要在确保成活的前提下，尽量减小土台。土台大小的确定，应根据树种、株行距等因素综合考虑，参见表3-3。一般土台最小直径，以树干胸径的8～10倍来执行。

表3-3　树干胸径与土台直径对照表

树干胸径	土台规格（长 × 宽 × 高）	说　明
15～18cm	1.5m × 1.5m × 0.6m	1. 在栽植易成活的季节移栽可适当减小土球的规格
19～24cm	1.8m × 1.8m × 0.7m	
25～27cm	2.0m × 2.0m × 0.7m	2. 栽植易成活的树种也可适当减小土球规格
28～30cm	2.2m × 2.2m × 0.8m	
>30cm	按照树干直径的6～8倍放线	

2. 开挖土台

　　（1）土台画线　开挖前以树干为中心，按每边长的规定尺寸加5cm划成正方形（画线尺寸一定要准确无误），作好开挖土台的标记。

　　（2）土台挖沟　沿土台画线的外缘开沟，沟的宽度要便于工人在沟内灵活操作，土台沟要垂直下挖，深度以方便扣钉木箱底板为宜（通常挖深度不小于1.2m）。

（3）修表层土　为了减轻重量，可根据实际情况，将表层没有根系分布的浮土修去适当厚度，以大树根盘土台出现根系之处开始计算土台厚度，这项操作称为修表层土。

（4）修整土台　土台挖到规定深度后，用花撬或平口锹将土台四壁铲修平整。修整时，侧立面的中间部分可比边缘稍微凸出些。如遇有粗根（直径2cm以上）要用手锯平整光滑地锯断，不可用花撬或铁锹硬铲，以防抖松土壤造成土台散塌。整修平的土台尺寸可稍微大于边板规格，以便捆紧后保证箱板与土台紧密靠紧。土台形状与边箱板一致，呈上口稍宽，底口稍窄的倒梯形。这样可以分散箱底所承受的压力。修整土台时要用边箱板测量核对，修整到土台尺寸大于边板2~3cm时停止，切不可使土台尺寸小于木箱尺寸。箱板外侧挖出的土，应抛撒至距树坑1m之外，以免妨碍起挖树木的各项操作。

3. 安装箱板

（1）立边箱板　土台修整好后应及时立边箱板，不能拖延。边箱板的材质及规格必须符合规定标准，否则容易发生意外事故。立边箱板时要仔细观察是否靠紧，如有不紧贴之处应及时修整平滑，使边箱板中心与树干中心对齐，不得偏斜。土台四周先用蒲包或塑料编织袋或彩条布包严。贴边板时，边板上口要比土台顶部低1~2cm，以备吊车起吊时土台有下沉之余地。如果边板高低规格不一致，则必须保证下端整齐一致。一面对齐后用木板将边箱板顶住，经过仔细检查认为满意后，再立另一面的边箱板。四周的边箱板立完并用木方垫紧后，即可上紧线器。

（2）上紧线器　先在距离边箱板的下口各15~20cm处横拉两条钢丝绳，上下两道钢丝绳于绳头接头处装上紧线器，先把紧线器的螺栓松到最大限度，紧线器旋转的方向必须是从上向下越转越紧。收紧紧线器时，上下两个要同时用力。收紧到一定程度时，用木棍锤打钢丝绳，直至发出嘣嘣的弦音则表示钢丝绳已经收紧，即可立即钉腰子，再在每个棱角上钉铁腰子2~3个。

（3）钉木箱　将两两对齐的边箱板用钉子钉牢。钢丝绳旋紧以后，在两块箱板交接处（棱角）钉上铁腰子，称"钉箱"。最上最下的两道铁皮各距箱板上、下口5cm，棱角上每隔10cm左右钉一条铁腰子。每条铁腰子须有两对以上的钉子钉在木箱板上，注意不要钉在木箱板的接缝处；钉子稍向外倾斜钉入，以增强拉力。钉子不能弯曲，如已弯曲，则应拔下重钉。木箱板之间的铁腰子必须拉紧，不得弯曲。四条棱角铁腰子完全钉完后，再检查一遍，用榔头敲敲铁皮，若发出当当的绷紧的弦音，则证明木箱已经钉牢，即可松开紧线器，取下钢丝绳。

4. 加深边沟

钉完木箱板以后，沿木箱四周继续将边沟挖深40~60cm，以便掏底操作。

5. 掏底和上底板

（1）掏底　装好边板后，用小板镐和小平铲将木箱底以下的土台土壤削掉（掏底），以便封钉底板。掏底可于两侧同时进行，每次掏底宽度应与每块欲钉底板宽度相等或稍宽，但不可过宽。掏够一定宽度，应立即钉上一块底板。底板间距应基本一致，可控制在10~15cm范围内。

（2）上底板　上底板之前，应事先量好底板所需要的长度（与相对应的边箱板的外沿对齐），并在坑外将底板两头钉好铁腰子。先将一端紧贴边板，将铁腰子钉牢在木箱板上后，底板底部用圆木墩垫牢。另一头用油压千斤顶顶起与边板贴紧，用铁皮钉牢，撤下千斤顶，垫牢木墩。两边底板上完后，再继续向土台底部中心掏底。

（3）掏中心底 在掏中心底时，底面中间部分也应修成稍凸出的弧形，以利底板钉得更紧。掏中心底时如遇粗根，要用手锯锯断，以免影响钉紧底板。掏中心底时要特别注意安全，操作时头部和身体千万不要伸进木箱下面，掏底过程中，如发现土质松散，应用窄木板将底板封严。如脱落少量土时，可以用草垫、蒲包填严后，再上底板。如土台底部土壤大量脱落，难以保证成活时，则应请示现场的技术负责人后再设法处理。

（4）上盖板 在树干两侧的木箱板上口钉上木板条。上盖板前，先将土台表面修整光滑，使中间部分稍高于四周。表层有缺土处，应用潮湿细土填严拍实。土台应高出边板上口1cm左右。于土台表面铺一层蒲包片或塑料编织袋或彩条布包严，再在上面钉上盖板。盖板长度应与箱板上口相等，树干两边各钉两块，钉盖板的方向与底板垂直，上板间距15～20cm。（如需要多次吊运或长期假植，可在上板上面相垂直方向，每侧再钉一块，使成井字形以保护土台完整。）至此，木箱全部安装完成。

6. 树干包装

同软包装土球移栽法。

<h2>任务 3 运输大树</h2>

吊装运输是大树移植的一个重要环节。它直接关系到大树移栽工程的施工进度和施工质量，因此要保证大树和木箱完好。所以，对吊装运输的各道工序都要予以重视。木箱包装起挖大树，其单株重量最少也在两吨以上，故装卸时必须使用吊车。

1. 大树装车

运输大树的车辆一般选用长车厢的大型货车。规格过大的特大树，还需选用大型平板拖车。大树装车前，先用草绳将树冠捆拢，以保护树冠少受损伤。具体装车步骤如下：

（1）套吊绳 先用一根长度适当的钢丝绳，在木箱下部1/3处左右，将木箱拦腰围住。钢丝绳两头的扣卡放在箱的一侧，钢丝绳的长度以两端能够相接即可。围好后，用吊绳套住钢丝绳两头的绳套，同时用另一根吊绳将钉好夹板的树干也套牢，然后用吊车的吊钩把两根吊绳钩住，即可先缓缓试吊。注意掌握好树干的吊钩角度，使树干与水平面保持10°～30°倾斜角度，即可再缓缓吊起，准备装车。在大树装车时要由专人指挥吊车，在起重臂（吊杆）下不准站人。

（2）拴浪绳 大树装车过程中，要以尽量不损伤树冠，又便于装车为原则。在大树的分枝处拴两根粗麻绳作浪绳，以便在装车时牵引和调整方向。

（3）保护树干 装车时树冠应向后。车厢底板与木箱之间，在钢丝绳前后，垫两块方木，长度较木箱稍长，但不超过车厢宽度。为使树冠不拖地，在车厢尾部用枕木搭成支架将树干支稳，支架与树干间垫上蒲包（也可以用编织袋装土作衬垫）以保护树皮防止擦伤。装车完毕，经检查认为满意后，可将吊车的吊绳或钢丝绳取下（如起吊的钢丝绳有余，也可随车运走作卸车用）。木箱放稳落实后，用紧线器将木箱和树干与车厢贴紧捆牢。

2. 大树运输

运输大树，必须有专人在车厢上负责押运。押运人必须熟悉行车路线、沿途情况、卸车地区情况，并与驾驶员密切配合，保证大树不受损失和行车安全。

（1）检查　装车后，开车前，押运人员必须仔细检查树木的装车情况，要保证绳索牢固，树梢不得拖地，树皮与其他物体接触之处，必须垫上蒲包等防擦之物。对于超长、超宽、超高的情况，事先要有处理措施，必要时，事先要办理好应有的行车手续，有时还要有关部门派专业技术人员随车协作（如电业部门等）。

（2）押运　押运人员必须了解所运树木种类与品种、规格和卸车地点，其中需对号入座的苗木，还要知道具体的卸苗部位。

（3）观察　押运人员必须随时注意运行中的情况，如发现捆绑不牢、木箱摇晃、树梢拖地或遇障碍物等问题时，须随时通知驾驶员停车处理。押运人员还必须随身携带支举电线用的绝缘竹竿，以备途中使用。

（4）行车　行车速度宜慢，以便发现情况能及时停车。行于一般路面，车速应保持在6.94～8.33m/s，路面不好或情况复杂，障碍比较多的路段，速度还应降低。

3. 大树卸车

（1）选择合适位置停车　大树运至现场后，应在适当位置卸车。卸车前先将围拢树冠的小绳解开，对于损伤的枝条进行修剪，取掉紧线器。解开卡车绑绳，吊车应停在适合位置，以便卸车。

（2）卸车　操作方法与装车时大体相同，只是钢丝绳捆的部位比起吊时向上口移动一些，捆树干的粗绳比吊装时收紧一些。钢丝绳的两端和大绳的一端都扣在吊钩上，经检查没有问题后即可缓缓起吊，当木箱离开车厢后，卡车应立即开走。注意起重臂下不准站人。

（3）落地　木箱落地前，应在地面上横放一根长度大于边板上口的大方木（40cm×40cm），其位置应使木箱落地后边箱板上口正好枕在方木上。注意落地时操作要轻，不可猛然触地而震伤土台，然后另用方木顶住木箱底板，以防止立直时木箱滑动。在箱底落地处，按80～100cm的间距平行地垫好两根2m长的方木（10cm×10cm），木箱放立于方木上，以方便穿吊绳的操作。箱底稳稳地放在平行垫好的两根方木上，使大树徐徐直立，用三根木棒支撑住树干，此时即可缓缓松动吊绳，按立起的方向轻轻摆动吊臂，当摆动吊臂木箱不再滑动时，应立即去掉防滑方木，到此卸车就顺利完成了。

任务4　假植大树

1. 原坑假植

起挖的大树在生长地如果一个星期之内不能运走，则应将原土回填；如果一个星期之内能运走，则可以不假植，但必须向土台和树冠喷水养护。

2. 工地假植

大树运到工地后，原则上要及时栽植。但是，如果一个星期之内不能栽植者，则须假植。工地上假植地点，应选择在交通方便、水源方便、利于排水、便于栽植之处。工地上大树假植的数量较多时，应集中假植。大树假植的株行距，以树冠互不干扰、便于随时吊运栽植为原则。为了方便随时吊运和选择栽植，每两行大树之间，应留出6～8m的汽车通行道。

工地假植的具体操作方法是：先在假植处铺垫一层细土，将大树吊放于细土上后，去掉上盖板，在木箱四周培土并筑拦水堰，以备灌水，并用支撑柱把树干支稳。

工地上假植期间要加强养护管理，最重要的是灌水、防治病虫害、雨季排水和看护管理，防止人为破坏。

任务 5　栽植大树

1. 栽植前的准备工作

主要是大树修剪工作，方法同本单元项目 1 任务 4。

2. 大树栽植

（1）栽植位置确定　按设计图纸核对无误，保证栽植位置准确。

（2）挖栽植坑　木箱包装移栽大树，栽植坑要挖成正方形，栽植坑每边应比木箱宽出 50～60cm，深度应比木箱深 15～20cm。土质不好时，栽植坑还要加大。需要换土的，应事先准备好客土。需要施肥的，则应事先准备好腐熟的优质有机肥，并与回填土充分拌和均匀，以便填入坑内。栽植坑中央用细土堆一个高 15～20cm，宽 70～80cm 的长正形土堆，便于土台放在细土堆上时，由于重力的作用，土台底部的空隙与细土充分接触。

（3）保护枝干　在吊车吊树入坑前，树干要包好麻包、草袋，以防擦伤树枝，入坑时用两根钢丝绳兜住箱底，将钢丝绳的两头扣在吊钩上。起吊过程中要注意吊钩不要碰伤树的枝干。如果木箱内土台坚硬、完好无损，可以在入坑前先拆除中心底板，若土质松散就不要撤底板了。

（4）调整朝向　大树入坑前要注意观察，注意把姿态最好的一面面向主要观赏方向，以发挥更好的美化效果。

（5）大树校正　大树起吊至入栽植坑前，栽植坑边和吊臂下不准站人。大树入栽植坑后要校正位置，保证大树定位于栽植坑的中心。栽植坑外还要专人负责瞄准照直，使栽植位置准确。必须严格掌握栽植深度，保证大树根茎与原地面齐平，绝不可栽植过深或过浅。木箱进入栽植坑，经检查校对无误后，即可拆除土台底部木板。

3. 树木支撑

树木落稳后，要仔细检查一次，如果没有问题，即可去掉钢丝绳，慢慢从底部抽出，并用三根杉篙或长竹竿捆在树干分枝点以上，将树木支撑牢固。

4. 拆除木箱

树木支撑稳定后，即可拆除木箱的上板及所覆盖的蒲包，然后开始填土，填土至栽植坑的 1/3 处时方可拆除四周边板，否则会造成散坨。四周边板拆除后继续填土，每填 10～20cm 时夯实一次，以保证栽植牢固，直至填满夯实为止。

任务 6　栽后管理

1. 大树栽后灌水方法

回填好土后，在土台外侧应筑拦水堰，高 15～20cm，用铁锹拍实。在拦水堰内及时灌透水，灌水时应有专人检查，发现塌漏，随时用细土填补缝隙。水渗透后将堰内地面低洼和有缝隙处用土填平，紧接着灌第二遍水。以后根据不同树种的需要和土质情况合理灌水，每次灌水后待土表稍干，都应将堰内地面中耕松土，以利保墒。

2. 大树栽植后其他管理

大树栽后除了及时灌水外，两年内还必须根据需要进行修剪、防涝、防风、防寒、防病虫等一系列养护措施，以保证大树尽早发挥绿化效果。在检查验收确认移栽成活后，才能进行正常养护管理。

【问题探究】

1. 木箱包装土球移植大树有哪些优点？

（1）延长大树移栽季节　木箱包装土球移植大树在春、夏、秋三季均可作业。当某些重点工程竣工后，可及时移栽大树，在最短的时间内改变面貌，发挥绿化效果，满足重点工程的绿化美化要求。

（2）提高移栽的成活率　由于木箱包装土球移植大树的原土多、伤根少，地上部分与地下部分的平衡关系基本保持，所以可大大提高大树移栽的成活率。

2. 木箱包装土球移植大树有哪些缺点？

（1）成本较高　由于木箱包装土球移植大树费工、费时、费料，需用大型吊装和运输机械，因此木箱包装土球移植大树的成本比一般植树高得多。

（2）施工操作技术复杂　从起挖、装箱、运输到栽植，都需要较高的熟练操作技术。

鉴于对木箱包装土球移植大树的优点和缺点分析，木箱包装土球移植大树只能作为对珍贵树种或古树名木保护时，或有特殊需要时，才使用的方法。

3. 什么时间木箱包装土球移植大树较合适？

用木箱包装土球移植大树能保留比较多的根系，土壤和根系始终密切接触，对地上部分保持着比较正常的水分供应关系。所以，除新梢生长旺盛期外，一年中大部分时间都可用木箱包装土球移植大树。即使在非适宜季节，只要严格按照技术要求进行操作，保证施工质量，加上木箱包装土球移植大树后的良好养护管理，成活率就可以大大提高。但是，由于木箱包装土球移植大树的过程中，根系毕竟会受到不同程度的损伤，树木生理活动机能会受到一定程度的影响、仍然存在着死亡的危险性。所以，木箱包装土球移植大树应当尽量安排在春秋两季移栽。

【课余反思】

1. 大树移植的基本原理有哪些？

（1）近似生境原理　移植后的生境优于原生生境，移植成功率较高。树木的生态环境是一个比较综合的整体，主要指光、气、热、土壤等小气候条件。如果把生长在高山上的大树移入平地，把生长在酸性土壤中的大树移入碱性土壤，其生态差异太大，移植成功率会比较低。因此，定植地生境最好与原植地类似。

（2）树势平衡原理　树势平衡是指树木的地上部分和地下部分须保持平衡。移植大树时，如对根系造成伤害，就必须根据其根系分布的情况，对地上部分进行修剪，使地上部分和地下部分的生长情况基本保持平衡。由于供给根发育的营养物质来自于地上部分，对枝叶修剪过多不但会影响树木的景观，也会影响根系的生长发育。同时，若地上部分枝叶过多，则植物蒸腾量就远大于地下根部吸收量，就会造成大树脱水死亡。因此，保持树势的平衡在园林工程大树移栽中是非常重要的。

2. 大树移植应注意哪些问题？

（1）树种选择　首先根据环境条件，如光照、温度、湿度、土质、风向、风力、小环境、因子等情况，选择适合要求的树种，即适地适树。如背阴处移植云杉、冷杉生长良好，而移植桦木、油松则生长差。其次，确定树种后根据树木自身的生长特性，选择正当壮年的树木，因其恢复生长快，绿化效果持久，能长时间保持生态效益。

（2）断根处理   大树移植一次掘苗伤根很多，移植后树木照常消耗水分、养分，造成树势生长失衡，为保持树根部与地上部分水分代谢平衡，要采取断根处理及适应性锻炼。

（3）科学管理   建立从选树、起树、运输到栽植的各项审批、检查、验收、监督制度，并严格执行。把选树、起树、运输、栽植这全过程细分成十几道工序，在施工过程中每一道工序都应一边施工一边验收，通过验收后方可进行下一道工序，每一道工序都有技术专家把关。

（4）加强检疫   危险性病虫害随着苗木的运入和输出而传播，植保人员要严格把关，到移植树木的原生地调查了解病虫害情况，同选树人员一起挑、一起选，发现有虫、有病的树木坚决不能用。

【随堂练习】

1. 大树移栽在园林景观建设中有什么特别的意义？你赞成用大树造景吗？
2. 软包装大树移栽法与木箱包装移栽法比较，移栽大树在技术上有何异同？
3. 木箱包装移栽大树的栽植坑怎样挖才是正确的？
4. 谈谈木箱包装移栽大树的施工流程。

项目4 大树裸根移栽和冻土球移栽

学习目标

1. 了解裸根和冻土球移栽大树法的施工步骤，会准备裸根和冻土球移栽大树法的工具、材料、机械。

2. 学会裸根和冻土球移栽大树法的方法和规范，掌握裸根和冻土球移栽大树法的基本技能。

【项目导入】

对于落叶乔木类的大树，在落叶后到发芽前的休眠期内，可以裸根移植。

北方深冬季节常用冻土球法移栽大树，冻土球移栽大树法比包装土球移栽大树的方法简单，节约包装材料，但这种方法只适宜用于寒冷地区。冻土球移植大树，是我国华北以北地区，冬季气候严寒，土壤封冻较深，利用得天独厚的气候条件，在冻土期挖掘冻土球移植大树的方法。冻土球移栽大树法充分利用冬闲，利于四季植树，为绿化城市赢得了时间。

【学习任务】

1. 项目任务

本项目主要任务是完成裸根和冻土球移栽大树方法。学会移栽程序和方法，确保移栽成活。

2. 任务完成流程

具体学习任务见图3-12。

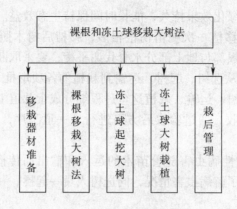

图 3-12　大树裸根和冻土球移栽任务

【操作要点】

主要的操作过程是完成图 3-12 中的各项任务。我们对各项任务进行逐个学习，最终完成大树裸根和冻土球移栽任务整个项目，而形成园林景观要求的产品。

任务1　准备移栽器材

裸根和冻土球移栽大树法，除了要求技术熟练之外，还要准备得心应手的工具、充足的材料和必备的机械。

1. 工具

裸根和冻土球移栽大树法常用的工具基本同软包装土球移栽法。

2. 材料

移栽大树常用的材料一般有：

（1）木棒　每株树 3 根，长约为树高的 1/2～1/3，作起树和栽植时支撑树木用。

（2）铁丝　选择 12～14 号铅丝，捆扎树木支撑、树木土球、树木枝干等。

（3）钉子　选择以钉子钉入木质部 2～3cm 的长度为宜。

（4）草绳　包扎夹心土和捆绑枝条用。

（5）粗绳　长度大于树高的 1.5 倍，用于起树、栽树时的浪绳和运输时捆扎树木。

（6）吊绳　视土球重量而选择尼龙线编织的长 6～8m 吊绳多根。

（7）夹板　用长 60cm、宽 4cm、厚 4cm 的夹板（用鲜木板），防止吊绳勒破树木皮层。

（8）厚木板（墩）　宽 0.3～0.4m、长 3～4m，作垫板用。

3. 机械

同软包装土球移栽。

任务2　裸根移栽大树法

裸根挖掘适用于成活容易、胸径 10～20cm 的落叶乔木，所留根冠范围视根系分布而定，一般为胸径的 8～10 倍，沿根幅外垂直下挖至不见主根为准，一般深 80～120cm。从所留根系深度 1/2 处以下，可逐渐向内部掏挖，切断所有主侧根后，即可打碎土台，保留护心土，随即采取蘸浆、草帘包裹等保湿方法，尽量缩短根系裸露时间。裸根移栽成本远远低于带土球法，其余的各个程序与软包装土球法相同。

任务3   冻土球起挖大树法（冻坨法）

1. 起挖大树的方法

1）冻土球移植大树时，根幅、根深的确定。土球的挖掘方法与软包装土球移栽的方法基本上相同。冬季冻土起挖大树和挖栽植坑，劳动强度大，用工量多。因此，一般采取大地封冻初期，按照设计要求，首先把栽植坑和选中的大树起挖好，待土壤结冻后再移植。

2）冻土球起挖大树的方法，在气温 –12～–15℃时（表土冰冻层厚度可达到20cm），向准备移栽的大树根盘四周灌水，挖开表土灌水再冻，使土球形成冰团。运输线路上泼水结冰，则人畜即可拖拉运输，古代北方宫苑植树常用此法。

3）冻土球法起挖大树时，必须按照操作要求进行，土坨（土球）要保持完整，土球掏底时用力不能过重，以防歪倒大树。同时，将挖好的大树存放在栽植坑内，用支撑柱支稳，每株树至少用三根支撑柱。

4）冻土球移栽大树一般适用于针叶树种。为了起挖、运输和栽植大树时不损坏和不折断树枝，应在起挖大树前，用草绳将树冠围拢缠紧，为了防止碰断主干、主枝和顶芽，可用树枝条或小木棒置于顶芽周围用细麻绳缠紧。

2. 大树运输

冻土球法移栽大树的吊装运输的方法和要求，与软包装土球法移栽大树相同，由于冻土球移栽大树，冻土坨不易破碎，可不包装，吊装时用粗麻绳双股吊起。

任务4   冻土球移栽大树的栽植

在大树栽植前，检查栽植坑口径和深度是否符合规格要求，如果不符合要求，要立即返工。并将坑边堆土刨起，土块打碎，以备栽植时回填。

大树入坑前，坑内先垫10cm厚的碎土，大树入坑时要调整好方向，把大树的观赏面朝向主要方向。大树入坑后即可回填细碎的土壤，要求每回填10～20cm厚度夯实一次，直至填满为止。如果移栽松树，收拢树冠的草绳不要立即解开，待翌春风季过后，才拆掉草绳，以防被风刮倒。但是，解开草绳的时间也不能过迟，一般不超过五月上旬，否则影响树木的发芽和生长。

任务5   栽后管理

冻土球大树移栽后需要泥炭土、腐殖土或树叶、秸秆以及地膜等对定植穴树盘进行土面保温，早春土壤开始解冻时，再及时把保湿材料撤除，以利于土壤解冻，提高地温促进根系生长。栽后管理其他工作参考本单元项目1。

【问题探究】

冻土球移植大树应注意哪些问题？

冻土球移植大树，要避开严寒的三九、四九天（如在哈尔滨、齐齐哈尔、长春、沈阳等地，12月末至1月末不能移栽），因为该阶段气温最低，树枝极易折断。

【课余反思】

保证大树移植成活的方法有哪些？

为了保证大树移植后能很好地成活，可在移植前采取一些措施，促进树木的须根生长，这样也可以为施工提供方便条件，常用下列方法：

1. 多次移植

此法适用于专门培养大树的苗圃中，速生树种的苗木可以在头几年每隔 1~2a 移植一次；胸径在 6cm 以下时，可每隔 3~4a 移一次；长到 6cm 以上时，则每隔 5~8a 移植一次；这样树苗经过多次移植后，大部分的须根聚生在一定的范围，因而再移植时可缩小土球的尺寸和减少对根部的损伤。

2. 根部环状剥皮法

同土台法挖沟，但不切断大根，而采取环状剥皮的方法，剥皮的宽度为 10~15cm，这样也能促进须根的生长，这种方法由于大根未断，树身稳固，可不加支柱。

【随堂练习】

1. 冻土球移栽大树法与软包装移栽大树法和木箱包装移栽大树法比较，有没有优势？
2. 裸根移栽大树法与软包装移栽大树法在起挖、运输、栽植技术上有何不同？
3. 裸根移栽大树法比较简单，能不能推广？为什么？

项目5 大树移栽的辅助性措施

学习目标

学会应用有利于大树移栽和养护的辅助性措施。

【项目导入】

本项目主要介绍能够使大树移栽养护成活的一些辅助性措施。这些辅助性措施如果应用恰当，将会给大树移栽养护工作带来事半功倍的效果。

【学习任务】

1. 项目任务

本项目主要完成大树移栽养护的辅助性措施：大树输液法、树干保湿法和大树倒伏的扶直。

2. 任务流程

具体学习任务见图 3-13。

【操作要点】

主要的操作过程是完成图 3-13 中的各项任务。我们对各项任务进行逐个学习，最终完成大树移栽养护辅助性措施整个项目，达到促进大树栽植成活的目的。

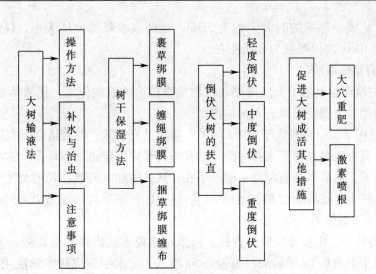

图 3-13　大树移栽养护辅助性措施任务

任务 1　大树输液法

在较大规模苗木移栽和林木害虫防治上，不少地方采用挂瓶输液的方法，俗称"打吊针"。

1. 大树输液操作方法

（1）材料　输液瓶（500ml）、输液管、大号针头、自动输液器、微型树木注射器、喷雾器、盛装输液瓶的网兜和胶布等材料若干，营养素适量。准备数量的多少一般视树龄而定，树龄 10 年以上可准备多些。

（2）判断树势　先判断大树生长不良是因缺乏何种营养引起，然后对症下药。一般为促进移栽树的细胞再生，生长前期使用的是氮肥，生长后期是磷、钾肥，必要时加一些微肥。

（3）配药　每 500g 清水加入药 15～25g（这里指氮肥尿素等），浓度视树的生长势而定（较旺的低些，反之高些）。将定量的氮肥溶于输液瓶中，然后来回轻轻摇动，或者用棍棒搅动，直至完全溶解。

（4）操作方法

1）一般输液法。在树的根茎部位，将树干周围的老皮刮掉，以露出新皮为宜。然后在树干不同方位找出几个方位点（要求干周光滑无损伤部位），将安装好的针头插入髓心层或形成层，再用胶布贴严插孔，把输液药瓶吊在高处，开始输液，视树势确定输液量的多少。输液速度以针头每分钟滴水 15～20 滴左右为佳。

2）树干高渗液强行注射法。

① 本法原理是利用微型树木注射器产生的强大压力将肥料、农药、植物生长调节剂等高浓度溶液强行注射进树干木质部，借助植物蒸腾拉力进行运输分配，利用根系吸水和植物的调节功能对高浓度药液进行"稀"利用，使植物快速获得所需养分（或药物），且分布均匀，利用充分，从而达到经济高效的施肥目的。

② 该法适合于树干直径大于 10cm 的木本植物。其规范化的操作步骤是：打孔→注射→

消毒→堵孔。完成一棵树的时间大约为 5min，施药成本根据树体大小、耗药多少而不同，一般树干直径 10cm 的树耗费为 2 元左右。

3）树干自动输液法。

① 该法的原理是利用了大气压差和植物蒸腾拉力的双重作用，使液体肥通过斜插在树干上的树干自动输液器缓慢地进入树体内。

② 该法适用于树干直径大于 10cm 的木本植物补充营养，特别适合于大规模的高大树木病虫害防治。其方法是在树干上钻一个孔，孔与树干成一定角度，将自动输液器直接斜插入孔中，旋转塞紧，然后在药瓶尾部上削一小孔，从孔中加入药液，利用大气压和植物蒸腾拉力将药液带入树干，这种方法的操作步骤是：打孔 →安装自动输液器→ 加药液在输液瓶中→ 输液→ 取下输液器 →消毒堵孔。

③ 对树龄特长、生长势特弱的古树，可采用输液方法增强其生长势。方法是：用植物生长调节剂或生根粉 0.1g 和磷酸二氢钾 0.5g 溶入 1kg 水中配成树木输液用溶液。输液前，在植株基部用木工钻由上向下呈 45°角钻 3～5 个输液孔，深至髓心。将装有树木输液液体的瓶子挂在高处，并将树干注射器插入输液孔，打开输液开关，液体即可输入树体内。输完后，拔出针头，用棉花团塞住输液孔。第二次输液时，拔出棉花团即可输液。

4）喷雾器压输 将配液装入喷雾器，喷头管安装锥形空心插头，并将其插紧于输液洞孔中，拉动手柄打气加压，打开开关即可输液。

（5）效果 一般可连续输液 1～3 周，约 1 个月左右树势将由弱逐渐变强，叶片由淡绿变至深绿而后吐出新梢。

（6）输液时间 树木生长各个阶段均可进行，最好在根系生长期或大树生长不良时，如枝叶枯黄卷曲萎蔫、树势弱或不发条时。要注意切记在症状表现的初期就进行输液。

2. 移栽大树补水与治虫输液方法

（1）时间要求 此法一般从春季树液开始流动到秋季树体休眠前均可进行，但有冰冻的天气不宜输液，以免植株受冻害。

（2）材料准备 同大树输液法。

（3）步骤与方法

1）注孔准备。用木钻在树体基部钻输液洞孔 2～3 个，孔口向上与树干呈 30°角，深至髓心部。输液洞孔数量的多少和孔径的大小应与树体大小和输液插头直径相匹配。一般树干用注射器和喷雾器输液的，需钻输液洞孔 1～2 个，挂瓶输液的需钻输液洞孔 2～4 个，输液孔一般距地 0.2～0.4m。输液洞孔的水平分布要均匀，垂直分布要左右错开。

2）输入液的配制。

① 移植大树补水输入的液体以净水为主，水中可配入微量的植物激素和磷钾矿质元素。为了增加水的活性，可以使用磁化水或冷开水。另外每千克水中可溶入 ABT_5 号生根粉 0.1g、磷酸二氢钾 0.5g，生根粉可以激活树体内原生质的潜在活力，促进树体生新根发新芽，磷钾元素能促进植株生命力的恢复。

② 防治园林树木害虫输液，可选择内吸性的甲胺磷、久效磷、氧化乐果等农药，配制成 100～200 倍的农药稀释液待用。

3）输液方法同大树输液法。

3. 大树输液注意事项

1）使用注射器和喷雾器输液的，其次数和时间可根据树体需水情况具体确定。

2）挂液瓶输液的可依需要增加贮液瓶内的配液。到移栽大树生根抽梢后可停止输液，并用波尔多液及时封住孔口，防止各种病菌侵入。

3）补水输液次数及间隔时间视天气情况（干旱程度、气温高低）和植株需水情况确定。一般4月份移栽后开始输液，9月份植株完全脱离危险后结束输液，并用波尔多液涂封孔口。用于害虫防治的输送药液，应注意树体对农药的敏感性，防止产生药害。

4）大树输液法只是适用于树木缺乏营养的一种临时补救措施，不宜长期使用。一般需要配合常规性的栽培管理来养护，就如同人不能长期输葡萄糖而不吃饭一样。

5）有冰冻的天气不宜输液，以免冻坏植株。

任务2 掌握园林树木树干保湿方法

根据实践经验，树干保湿大致有以下三种方法，在实际操作中要视具体情况再作适当选择。

1. 裹草、缠绳后绑膜

先直接用稻草或绳将树干包好，然后用细草绳将其固定在树干上，接着用水管或喷雾器将稻草或绳喷湿。也可先将草帘或稻草浸湿后再包裹，然后用塑料薄膜包于稻草或绳外，最后将薄膜捆扎在树干上，树干下部靠近土球处让薄膜铺展开来，在将基部覆土浇透水后，连同干兜一并覆盖地膜。地膜周边用土压好，这样可利用土壤温度的调节作用，保证被包裹树干空间内有足够的温度和湿度，省去补充浇水之劳作。

2. 裹草、缠绳绑膜后再缠布

在一些景观非常优美的环境里，因裹草或绳绑膜会影响景观，可在裹草或绳绑膜完成后，再在主干和大树的外面缠绕一层粗布条，颜色可随环境要求选择。这样既可与环境相协调，也可防止高温季节薄膜内温度太高，同时也有利于树干的保湿成活。

3. 捆草、缠绳和缠布

在春、夏季移栽时，可直接在主干和大树的外面缠绕一层草或绳或布，而不在外面包塑料薄膜，以防春夏季薄膜内温度太高，这样也有利于树干的保湿成活。

以上三种大树保湿方法的原理相同，只是在材料选择上有所差别，将树干用塑料薄膜封闭，强制性保温保湿，比传统的人工喷水养护更稳定、更均匀，能将不良天气对大树的影响和伤害降到最低限度。因此在"三九"天和"三伏"天，切不可拆卸包扎物，必须经过1～2a的生长周期，树木生长稳定后，方可卸下包扎物。上述的树干保湿操作也可在大树挖后种植前进行，这样更为方便。

任务3 扶直倒伏大树

园林中的大树在移栽后的生长过程中，有时会因受到狂风或暴风雨的袭击而发生倒伏现象，若不加以扶直，不仅生长不良，个别的还会引起病虫害，导致死亡。所以应根据树木的倒伏程度，因树制宜地及时扶直。

1. 轻度倒伏大树的扶直

轻度倒伏一般指树干倒伏倾斜度20°以下的大树，迎风面的根部受到轻度抻拉，但对大树的生长影响尚不大，因此直接扶直支撑即可。具体过程如下：

（1）挖坑与设支柱　将倒伏时的迎风面树基下的土挖开 0.5～0.8m 深，不过多地伤根，坑径以树根的覆盖面为度，其目的是消除扶树过程中迎面土的戗力，然后用人工推拉或机械拉动将其扶直。扶直后为了防止其反弹或再倒，对倒伏面要用立柱支撑，支柱与倒伏树的接触点要用软物隔垫；支柱与倒伏树的支点一般呈 30°角左右。

（2）填土与管护　将倒伏树扶直支好后，将迎风面挖出的土回填，回填时将根系舒展好，达到不团根、不窝根、不上翘，同时开出较大的树盘并做好水堰，然后进行浇水等养护管理。

2. 中度倒伏大树的扶直

中度倒伏一般指树干倒伏程度在 30°左右的大树，扶直一般按以下过程进行。

（1）适修剪　由于在倒伏或扶直过程中，会出现拉断根系现象，从而影响水分吸收。若枝叶全带，由于其强大的蒸腾作用，会造成树体内水分的不平衡，而出现萎蔫，亦会因落叶而削弱树势。此类树木扶直前要进行修剪，将大部分小枝连叶一起剪除或锯除，但一定要掌握适度。这样处理还可减少扶直过程中的阻力。

（2）去戗土　要将迎风面的戗土挖除，挖坑的范围要比轻度倒伏的面积大。同时，应注意在挖坑过程中不伤大根，少伤须根，将土从根间剔除，坑深度要在主要根区以下。

（3）支倒面　此种倒伏需用动力加人力将倒伏大树推拉扶直，扶直后用双立木支撑斜倒面，防止单木支撑后遇强风雨后再度发生斜倒。双木可以从不同角度单支，在倒伏面的两侧分不同的支点和高度进行两点支撑，或将两根立木绑在一起上留交叉点，在交叉点支柱全伏面的主干或大侧枝。

（4）勤养护　将倒伏对面的坑填土埋根后砸实做堰，立即浇水并连续浇几次，等新枝芽长出后及时追施速效肥料，以促进生长。但追肥时间应视季节而定，一般到 8 月下旬后不能再追施速效化肥，以免新生枝叶贪青延长，造成木质化程度低而影响安全越冬。

3. 重度倒伏大树的扶直

重度倒伏一般指树干倒伏程度在 40°左右，树冠已经贴近地面的大树。此种倒伏伴随的是迎风面根系已部分翘出，对其扶直应按照下列过程进行。

（1）重修剪　重修剪是指削去大部分三级侧枝，减轻大树体内水分消耗。因为重度倒伏的大树，大部分根系失去吸水功能，老枝叶太多，就会加快树体水分内耗，一旦蒸腾大于内吸，就会使大部分枝叶从萎蔫至落叶甚至干枯死亡；为此应重削枝、减内耗、保生存；对削除大枝后的伤口，先喷杀菌剂防止病菌侵染，然后涂油漆，封好伤口，防止内部树液自伤口处流失。

（2）深挖穴　深挖穴指将迎风面翘根处下面的坑穴深挖。重度倒伏的大树，常使迎风面的树根翘起，倒伏面的大根折断，而且两侧的根系也会随着发生动摇。为此，需在迎风面深挖穴，将根系全部刨出后，使穴底达到根系分布层以下，以使根系重植后有较松软的土壤环境，加快新根的萌发生长，在扶直时需将深坑用肥土垫平。

（3）搞吊伏　对于重度倒伏的大树必须用起吊设备吊伏。起吊速度应缓慢，并加以人工辅助，既要保证吊正吊直，又不会吊起过头，拔动或拔起根系。吊直扶正后将迎风面起出的根系舒展开，进行分层覆土。覆土时需观察根系落地后下面土层的高矮，下层土垫高了造成上偏斜，影响树木扶直；下层土垫少了易造成反拉根，即迎风面根系处先腾空，若落实后会反拉对面的根系，不仅会影响根系的均衡生长，反而会造成新的偏斜。为此要将根系舒开放平后再进行分层覆土踏实。

（4）立支柱　重度倒伏的树木，由于四面根系都受到牵动，因此根系的支撑力下降，稍遇风雨还会发生不同方向的倒伏，为此应用立木将扶起树的四周进行支架，达到风吹不动、雨打不倒的效果。

（5）重养护　重度倒伏的大树扶直后，为了缩短缓生期，促进早期恢复生长；因此在此期间应加强浇水、松土和叶面喷施肥料，防治叶部病虫害等管理措施。

任务4　掌握促进大树移栽成活的其他措施

1. 大穴重肥

移栽穴应根据所栽植株大小确定深度和宽度，一般树高5m以上、树冠4m以上、根系带的土球直径2.5m以上者，移植穴要挖深2m，直径4m以上，并用500kg腐熟优质厩肥或700kg堆肥，5.8kg过磷酸钙，与4.5倍疏松肥沃熟土拌匀，填入穴底和土球四周的根系分布区，为栽后新生的根系创造向下生长和向四周扩展的环境条件。

2. 激素喷根

植株移进移植穴后，依次解开包裹土球的包扎物，修整损伤根系，用10000倍ABT_3号生根粉或吲哚丁酸、萘乙酸液喷根，以促进栽后快发多发新根，加速恢复树势。这三种激素都不溶于水而溶于酒精，所以配制时应先用酒精溶化后，再加水搅匀喷施。

3. 施用保水剂

大树移栽时，挖好定植坑后，在坑底部施入与部分土混合的保水剂，保水剂用量为回填土量的0.15%~0.3%，然后将大树放入坑内定植，浇透水再将剩下余土回填。一般用后可提高成活率30%以上。

（1）蘸根　根据需要蘸根的苗木数量，将适量保水剂（细粒）和粘合剂搅入水中（视水的硬度适量增减），充分搅拌溶解后即可浸根移栽（可根据苗木根系情况，按比例加入已经稀释的生根剂、杀虫剂、杀菌剂，以促进根系生长、防止线虫或菌类的侵害）。

（2）洒根　在移栽幼苗时（在沙地、沙壤土的情况下），在回填熟土至苗根处，按15~25g/株洒入保水剂，充分与沙土拌匀，填土灌足水即可；如土壤粘性较强，需要成比例挖大坑穴，沙拌土回填至苗根下10cm处，将事先吸足水的保水剂与土壤（最好再加少量沙）充分混合回填压实，地表覆土。一般可提高成活率40%左右。

（3）定植大树　根据定植地点土壤性质不同，选用适宜的保水剂，用量为定植时回填土量的0.2%。使用方法：采取放射性环施，直径为大树冠径投影的2/3，沟深20~30cm，将保水剂拌土施环形沟内，然后灌水培土即可。

【问题探究】

1. 如何理解园林树木"打吊针"？

近年来，随着城市园林和高速公路建设的快速发展，珍贵大树移植补水和园林树木治虫均采用了一种促进成活和防治虫害的新方法——输液法，园林管理人员称它为给树木"打吊针"。采用此法，既能解决大树移栽后水分短期的供需矛盾，促进其成活，也可对一些名贵观赏树种常发的蚜虫及一些钻蛀性害虫开展防治，具有省工、省力、省药，补水、补肥、环保和不受地域限制的许多优点。

2. 为什么采用树干输液法能够促进移栽大树的成活?

采用树干输液法能够促进移栽大树的成活。这种方法的原理同人体输液原理一样,有利于快速促进移栽树根系伤口的愈合和再生,及时补充树木地上部分生长所需养分,从而确保移栽成活的质量。采用输液法既能解决树木移栽后前期水分短期的供需矛盾,从而促进成活,又能对一些珍贵林木树种常见的蚜虫及钻蛀性害虫进行防治,具有省工、省力、省药、补水、补肥、环保和不受地域限制的许多优点。

3. 提高树木移栽成活率的其他措施有哪些?

任何形式的移植都会损伤树木的根系,为保证大树体内收支平衡,人们常采取提前断根、截干缩枝、包封截面等技术措施。如果在移栽过程中对树干进行保湿处理,减少其水分蒸发,将更有利于提高树木移栽的成活率。

【课余反思】

当前随着城市园林绿化事业的发展,特别是近十年来高档小区的景观建设,大树进城、进小区现象越来越普遍。但大树移栽后时常会出现大量落叶、枯枝、整株叶片出现萎蔫或树势衰弱等现象,甚至会整株死亡,严重影响了景观的实际效果。

1. 大树移栽后常出现的不良症状与解决方法

(1) 叶片失绿、无光泽、芽不萌动、新枝出现萎缩 出现这种症状的原因主要是由于植株失水。为了防止树体失水萎蔫,可以通过以下方法来增加树体的水分,减弱树体蒸腾作用,减少水分散失。

1) 要向叶面和树干喷水保湿。在喷叶片时,重点喷叶片的背面,且所喷水要求的雾化状要高,才能避免每次喷水时根部积水,喷雾时以喷湿不滴水为度,1d 可喷 5~7 次,保持空气有较高的湿度,防止水分过度散失。

2) 要向树体内输液。用无线充电钻或普通电钻在根茎部打孔,根据人体输液原理,用吊袋或吊瓶吊注,能及时、持续不断地给树体补充养分、水分。

3) 要加强修剪。通过枝条回缩修剪,集中树势,减少枝冠对水分的消耗,保持树体水分平衡。

4) 要搭建遮阳网棚或遮阳网架遮阴。

5) 要用草绳裹主干,由根部缠裹至一级主枝。

6) 要向树体喷施抑制蒸腾剂,以减弱树体的蒸腾作用,从而降低水分散失。

(2) 大树叶片变黄、用手摇树落叶 这种症状出现的主要原因在于新移植的大树根部水分过多,应该及时做排水处理。

1) 要深挖沟。在新栽大树老土球外围横纵方向深挖排水沟,且沟比土球底部至少深出30cm,并保持沟内排水畅通。

2) 可设置 PVC 管。在土球外围 5~10cm 处设置 8~10 根直径 10cm 的 PVC 管,且在管侧壁上打数十个小孔,经常检查管内的积水情况,一旦发现积水立即将管内的水抽出,这样既检查了积水情况,又能改善土壤的透气性,同时又利于生根。

(3) 移栽后出现大量的落叶 当出现这种症状时,大多是由于大树移栽时,为了当时实现效果,保留枝干过多,植物的水分供应不上而造成的。应及时修剪过多的枝、叶或剥芽。

（4）出现枝叶干枯却不落的现象　当出现此种症状时，应对植物进行特殊的抢救处理，对土壤含水量、pH 值、理化性状等进行分析检测。如果是土质污染，需要更换新土。如在建筑工地栽树，树坑内水泥、砖块等建筑垃圾滞留过多，影响土壤的酸碱性；又如，若使用污染的河水浇树造成土壤严重污染，致使树体中毒。不是土质污染，则要根据大树濒危程度进行强修剪，加强叶面喷水；或用 800～1000 倍液稀施美，也可用 0.3%～0.5% 尿素或磷酸二氢钾等进行叶面施肥，每隔 15～20d 喷 1 次，能促进叶片恢复正常。

（5）整株叶片出现萎蔫，树势衰弱　出现上述症状，可能是由于根部积水烂根或出现空洞造成根系晾根萎缩及栽植过深抑制根系呼吸，致使根系无法从土壤中吸收养分、水分，树体脱水，树势减弱。措施是要在土球外围掏出个洞孔，逐步向里检查根系的具体情况。当发现根系腐烂时，应用手锯将腐烂的根切除掉，至剪出新生组织为止；用 300 倍液高锰酸钾稀释液喷在剪口处，然后适当地回填土将根部盖住，过 6～8h 后，可浇一些生根液以促进生根。如发现空洞，应及时填土捣实然后回填土，覆土厚度 5cm 左右即可。

2. 大树移栽后的初期养护管理措施有哪些？

大树移栽后初期，即 1～2a 内，要掌握好以下几方面的养护管理措施。

（1）要掌握好浇水与输液的技术　大树栽植后要立即浇 1 次透水，待 2～3d 后，浇第 2 次水，过 1 周后再浇第 3 次水，以后应视土壤墒情浇水，可适当延长时间，每次浇水一定要做到"干透浇透"，表土干后要及时进行中耕，这样有利于土球底部的湿热能够散出以免影响根系呼吸。除正常的浇水外，在夏季高温季节还应经常向树体缠绕的草绳或保湿垫喷水，一般每天要喷水 4～5 次，早晚各喷 1 次，中午高温前后喷 2～3 次，每次喷水以喷湿不滴水、不流水为度，以免造成根部积水，影响根系的呼吸和生长。

现在先进的养护技术主要以给大树吊注输液为主，输液最大的优点是不会造成根部积水影响根系呼吸和生长。常规的浇水法很难控制好浇水量，易造成水的浪费和根部积水，所以使用吊注输液法既能够节水、节工，又能够提高大树的成活率。

（2）要对树干进行捆扎保湿处理　对树皮呈青色或皮孔较多的树种以及常规树种，应将主干和近主干的一级主枝部分用草绳或保湿垫缠绕，减少水分蒸发，同时也可预防干体日灼和冬天防冻；但所缠绕的草绳不能过密、过紧，以免影响树干皮孔呼吸而导致树皮糟朽，待第 2 年秋季可将草绳解除。

（3）要采取搭棚遮阴技术措施　夏季气温高，树体的蒸腾作用强，为了减少树体水分的散失，应采取搭建遮阴棚的技术措施来减弱蒸腾，并防止强烈的日晒。但要注意，高温天气在运输途中和栽植养护时，大树遮阴不能过严，更不能密封；也不能直接接触树体，必须与树体保持 50cm 的距离，保证棚内空气流通，以免影响成活率。同时，也可利用现代先进的蒸腾抑制技术（如：喷抑制蒸腾剂）来减弱树体的蒸腾作用，防止水分过度蒸发。

（4）要用支撑拉绳固定树干，以防树干晃动　树大招风，大树移栽后，必须要稳固大树的主干，避免其招风晃动，以防阴雨天被大风吹摇树干和吹歪树身，常采用立支撑杆（一般成品字形三杆支撑）和拉细钢绳的方法（即用细钢绳成品字形三方拉树），并注意系安全标识物，稳固树干；若采用支撑杆，支撑点一般应选在树体的中上部 2/3 处，支撑杆底部应入土 40～50cm 即可。

【随堂练习】

1. 大树输液法的原理和功效有哪些？

2. 树干保湿有几种方法？保湿时应注意哪些问题？

3. 倒伏大树的扶直方法有哪些？

项 目 考 核

项目考核 3-1　大树适地适树的调查

班级		姓名		小组		得分	
实训器具							
实训目的		能够比较和筛选适生树					

考核内容

1. 随机选择园林树木 4~5 个树种，每种 4~5 株。

2. 用植物名录清单表逐一记录每株树木个体的几个指标：名称、科属、产地习性、生境树龄；观察比较树木个体的生长势，用优、良、中、差、次 5 个等级（自己设定标准）测定并记录在植物名录清单表的备注栏内。

名称	科属	产地习性	生境	树龄	备注

3. 观察树木个体徒长枝的生长量（配上照片），将枝条数量和枝条长度测定并记录；列表比较，数据分析，比较出适生树的名次，得出结论。

训练 小结	

项目考核 3-2　大树的起挖和包装

班级		姓名		学号			得分	
实训器具								
实训目的								

考核内容

1. 土球起挖程序

2. 土球的包装方法

3. 大树栽植修剪要点

4. 大树栽植过程（就地栽植）

5. 大树栽后养护要点

训练 小结	

项目考核 3-3　木箱包装法移栽大树

班级		姓名		小组			得分	
实训器具								
实训目的								

考核内容

1. 写出木箱包装法土球的步骤

2. 树干包装方法

3. 大树栽植步骤（就地原坑栽植）

4. 大树栽后养护要点

训练 小结	

项目考核 3-4　大树输液法

班级		姓名		学号		得分	
实训器具							
实训目的							

考核内容

1. 增强大树树势的输液方法

（1）一般输液法

（2）树干高渗液强行注射法

（3）自动输液法

2. 大树补水、治病虫输液与增强树势方法有何不同

训练 小结	

项目考核 3-5　树干保湿方法

班级		姓名		学号		得分	
实训器具							
实训目的							

考核内容

1. 裹草绑膜要点

2. 缠绳绑膜方法

3. 捆草绑膜缠布与上面两种方法的不同点

训练 小结	

项目考核 3-6　倒伏大树的扶直

班级		姓名		学号		得分	
实训器具							
实训目的							

考核内容

1. 轻度倒伏大树的扶直要点

2. 中度倒伏大树的扶直方法

3. 重度倒伏大树的扶直与上面两种扶直的不同点

训练 小结	

考证链接

1. 相关知识

（1）大树移栽养护的原理

（2）大树移栽施工的原则

（3）大树移栽相关的基本术语

2. 相关技能

（1）大树移栽的施工程序

（2）大树土球起挖与包装

（3）大树的养护管理

单元 4　园林树木的整形与修剪

知识目标　熟练应用园林树木整形修剪的常用器具，了解园林树木整形修剪的意义，理解园林树木整形修剪的作用、原则和方式。

能力目标　会使用和维护园林树木整形修剪的常用器具，学会园林树木整形修剪的基本操作方法及园林绿化中的行道树、观花树木、绿篱、造型植物等的整形修剪技能。

整形修剪是园林栽培过程中一项十分重要的养护管理措施。庭园绿地中的树木形态、观赏效果、生长与开花结果、生长与衰老更新之间的矛盾等，都需要通过整形修剪来解决或进行调节。整形与修剪有两种意义：整形是指将植物体按人为意愿整理或盘曲成各种特定的形状与姿态，满足观赏方面的要求；修剪是指将树体器官某一部分疏删或短截，达到调节树木生长或更新复壮的目的。一般整形需要通过修剪来实现，生产上习惯将二者称为整形修剪。

项目 1　整形修剪的基本技能

学习目标

1. 会准备整形修剪的工具，并能进行使用与维护。
2. 确定修剪时期，学会常规的修剪方法。
3. 理解修剪的程序，学会处理修剪枝条的剪口。

【项目导入】

整形修剪的基本技能主要包括修剪工具的认识、使用和保养，修剪时期的确定，修剪方法的掌握及枝条剪口的处理等。

【学习任务】

1. 项目任务

本项目主要任务是完成整形修剪基本技能。学会准备和维护修剪工具，确定修剪时期，能够正确操作整形修剪方法，符合园林规范化要求。

2. 任务内容

具体学习任务见图 4-1。

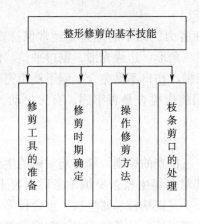

图4-1　园林树木整形修剪基本技能任务流程

【操作要点】

主要的操作过程是完成上面任务流程图中的各项任务。我们对各项任务进行逐个学习，最终完成园林树木整形修剪基本技能整个项目，而达到园林景观完成的目标。

任务1　准备和维护修剪工具

1. 常用工具的准备

（1）枝剪

① 修枝剪，主要用来修剪细小的枝条。剪刀要锋利，钢口硬软适中，软的不耐用，易卷刃；过硬易出缺口和断裂。剪簧也要软硬适中。

② 高枝剪，用来剪截树冠高处小枝。剪子安装在一根长杆的顶端，杆长 3～4m 即可；剪把的小环系上一根尼龙绳，拉动尼龙绳，就可把小枝剪下。

③ 太平剪，规格有大小两种，修剪绿篱整平时使用。

（2）锯类　手锯，锯断粗大枝干时用。手锯钢质软硬要适中，软了易弯曲，硬时容易掉齿，手锯的长度与锯片宽度，根据需要选择。另外，还有一种折叠式手锯，用时打开，不用时合上，携带方便，适用于剪中粗枝条。刀锯，回缩时锯较粗的枝条时用。快马锯，锯粗大枝干用。

（3）斧　包括小斧与板斧，主要是砍树枝或树木更新时砍树用。

（4）其他　平铲，去蘖、抹芽用。折梯，单梯或升降车，修高大树时使用。安全带和安全绳，劳动保护用具。长粗绳，吊树冠用。短细绳，吊细枝用。

2. 工具的保养方法

（1）修枝剪、高枝剪和平剪　为了剪时省力，便于操作，要经常磨剪刀，保持锋利。如每天使用，最好在每天开始使用前或当天工作完毕后磨一次。只磨外面的斜面剪刃，不要磨剪托，否则会使剪刃不吻合，使用时容易缺口或夹枝，不便操作。有人在磨修枝剪时，爱把剪子的螺钉拧开来磨剪刃，这样磨起来方便，但是易引起剪轴滑丝。新买来的修枝剪和高枝剪，一定要先开刃，然后使用；开刃时要把刃面的弧度逐渐磨平；如果第一次磨得好，以后磨就省事了。修剪工作结束，不用剪子时，要擦洗干净，涂上凡士林或者黄油，包上塑料薄膜保存，防止生锈。

（2）锯类　为了使用方便省力，锯子的锯齿要经常保持锋利。开始使用前，要用扁锉将齿锉锋利，齿尖最好是锉成三角形，边缘光滑，锯口平整。锯齿不要太张开，否则锯起来虽然比较省劲又快，但锯口粗糙，伤口不易愈合。锯子使用完毕保存时，也要涂油防锈。

（3）梯子及升降车　使用前应检查是否牢固，有无松动，使用后要妥为保存，防止受潮和雨淋，以免腐烂或生锈。

3. 修剪的程序与顺序

修剪应掌握一看、二剪、三检查的原则。修剪前对树的生长势、枝条分布情况及需要的景观造型，先了解一下，尤其对多年生枝条要慎重考虑后再下剪。剪时由上而下，由外及里，由粗剪到细剪；从疏剪入手，把枯枝、密生枝、重叠枝等不需要的枝条剪去，再对留下的枝条进行短剪，剪口芽留在期望长出枝条的方向；需回缩修剪时，应先修大枝，再修剪中枝，再次修小枝；最后检查修剪是否合理，有无漏剪与短剪，以便修正或重剪。

任务2　确定整形修剪时期

对园林树木的整形修剪工作，随时都可进行，如抹芽、摘心、除蘖、剪枝等。有些树木因伤流等原因，要求整形修剪在伤流最少的时期内进行，因此绝大多数树木以冬季和夏季为最好。

（1）休眠期修剪　休眠期内树木生长停滞，树体内养料大部分回归根部，修剪后营养损失最少，且修剪的伤口不宜被细菌感染腐烂，对树木生长影响较小。因此大部分树木及多量的修剪工作在此时间内进行。

① 冬季严寒的北方地区的修剪时期。由于修剪后伤口易受冻害，早春修剪为宜，但不应过晚。早春修剪应在树木根系旺盛活动之前，营养物质尚未由根部向上输送时进行，可减少养分的损失，对花芽、叶芽的萌发影响不大。

② 有伤流现象的树种的修剪时期，如核桃、槭类等。这些树种在萌发后有伤流发生，应在春季伤流期前修剪。伤流使树木体内的养分与水分流失过多，造成树势衰弱，甚至枝条枯死。核桃在落叶后11月中旬开始发生伤流。流量随地温、根压变化，温度低，流量就较少。一般可在果实采收后，叶片黄之前进行为宜，此时修剪既无伤流又对混合芽的分化有促进作用，展叶后不宜进行。为了栽植和更新复壮的需要，常在栽植时或早春进行修剪。

（2）生长期修剪　常绿树没有明显的休眠期，同时冬季低温，伤口不易愈合，易受冻害，故一般在夏季修剪。

① 一年内多次抽梢开花的树木。花后及时修去花梗，抽出新枝，可使开花不断，延长了观赏期，如紫薇、月季等观花植物。

② 嫁接树木。用抹芽、除蘖达到促发侧枝、抑强扶弱的目的，均在生长期内进行。

任务3　学会常规修剪方法

修剪的方法归纳起来基本是截、疏、抹芽和除蘖、伤、变等，可根据修剪的目的灵活采用。

1. 截

截的程度影响到枝条的生长，截的程度越重，对单枝的生长量刺激越大。根据短截的程度，可分为轻短截、中短截、重短截、极重短截。

轻短截——剪去一年生枝条长度的 1/5～1/4。刺激单枝生长量小，萌发的侧枝长势较弱，能缓和树势，利于花芽形成。

中短截——剪去一年生枝条长度的 1/3～1/2。侧芽萌发多，成枝力高，生长势强，枝条加粗生长快，一般用于延长枝和骨干枝。

重短截——剪去一年生枝条长度的 3/4～2/3。剪后发侧枝少，但枝条生长势旺，不易形成花芽，但过重修剪会削弱整个树木的生长量。

极重短截——枝剪留 1～2 个芽。在春梢基部留 1～2 个瘪芽，其余剪去，以后萌 1～2 个弱枝可降低枝位，多用于竞争枝的处理。

回缩——又称缩剪。当树木或枝条生长势减弱，部分枝条开始下垂，树冠中下部出现光秃现象时，为了改善光照条件和促发粗壮旺枝以恢复枝势或树势时，常用缩剪。将衰老枝或树干基部留一段，其余剪去，使剪口下方的枝条旺盛生长或刺激休眠芽萌发徒长枝，并培育成新的树冠，重新生长。回缩修剪实际就是利用树木向心更新的原理，使树木年轻和复壮。

（1）摘心和剪梢（也是短截的一种）的应用情况

① 在新梢抽出后，为了限制新梢继续生长，将生长点摘去或将新梢的一段剪去，解除新梢顶端优势，使抽生侧枝扩大树冠，易于开花。例如绿篱植物通过剪梢，可使篱带枝条密生，枝叶鲜嫩，观赏效果与防护功能增加；露地草花摘心是培养饱满株形，增加分枝数量，多开花和延长花期的主要措施之一。

② 摘心与剪梢的时期不同，产生的影响也不同。具体进行的时间依树种、目的要求而异。为了多发侧枝，扩大树冠，宜在新梢旺长时摘心；为促进观花树木多形成花芽开花，宜在新梢生长缓慢时进行；观叶植物随时都可进行。

（2）短截的应用情况

① 规则式或特定形式整形修剪的植物，因枝条不断生长，常会干扰或损害现有的图案或几何形体，需经常短剪长枝，保持造型的完美。

② 为使观花与观果植物多形成枝条，使树冠丰富，增加开花数量或结果量，用短剪改变枝条的生长势，抑强扶弱或转弱为强，以达到调节营养生长与生殖生长关系之目的。

③ 当树冠内枝条分布和结构不理想，为了改变枝条的方向与夹角时，应进行短剪。

④ 片林中为培养挺直和粗壮的树干，对易枯梢的和主干弯曲的树木进行短剪或回缩，使萌发通直高大的树干。

⑤ 由于枝条衰老、长势弱、病虫害或机械损伤等原因，树冠枯顶或生长不均衡，为使树冠重新萌发成丰满均衡形式，对上述枝条进行短剪，留强芽抽壮枝。

⑥ 树木或多年生枝条衰老，需进行更新复壮时，进行回缩修剪或齐地面截去，用徒长的根蘖枝代替原有树木或枝条。

2. 疏

疏剪能使枝条分布趋向合理与匀称，加强树冠内膛的通风与透光量，增加同化作用产物，使枝叶生长健壮。

疏剪的对象主要是病虫枝、伤残枝、内膛密生枝、干枯枝、并生枝、过密的交叉枝、衰弱的下垂枝及造型树木的干扰枝等。疏剪对全树的总生长量有削弱的作用，对局部的促进作用不如短剪，但影响的范围比短剪大；对全树生长的削弱程度与疏剪程度和疏去枝条的强弱有关；疏去强枝留下弱枝或疏剪枝条过多，对树木的生长产生较大的削弱作用；疏弱枝留强枝则可集中树体内营养，使枝条长势加强。

疏剪强度可分为轻疏（疏枝占全树枝条10%）、中疏（占10%～20%）、重疏（占20%以上）。疏剪强度依树种、长势、年龄而定。萌芽力强成枝力弱的或萌芽力成枝力都弱的树种，少疏枝，如马尾松、油松、雪松等枝条轮生，每年发枝数有限，尽量不疏枝。萌芽力成枝力都强的树种，可多疏，如法桐。幼树宜轻疏，以促进树冠迅速扩大，对于花灌木类则可提早形成花芽开花。成年树生长与开花进行盛期，枝条多，为调节营养生长与生殖生长关系，促进年年有花或结果，宜适当中疏。衰老期树木，发枝力弱，为保持有足够的枝条组成树冠，疏剪时要小心，只能疏去必须要疏除的枝条。

疏剪多年生的枝条，对树木生长有较大的削弱作用，不宜一次剪去，要分期逐年进行，如轮生枝、簇生枝。

3. 抹芽和除蘖

对嫁接的植株需及时除去砧木上的枝或芽，这对接穗部分的生长尤为重要。根蘖性强的品种，应及时剪去强壮的根蘖，促使长枝，保证养料集中供给正常枝条的生长，如月季中的黄和平。及时除蘖抹芽可减少冬季修剪的工作量和避免伤口过多，对树木生长有利。

疏剪工作贯穿全年，可在休眠期进行；抹芽与除蘖通常在生长期内进行。

4. 伤

（1）环状剥皮　在发育盛期对不大开花结果的枝条，用刀在枝干或枝条基部适当部位，剥去一定宽度的环状树皮，在一段时期内可阻止枝梢碳水化合物向下输送，利于环状剥皮上方枝条营养物质的积累和花芽的形成。根系因营养物质减少，也受一定影响。环状剥皮深达木质部，剥皮宽度以一月内剥皮伤口能愈合为限，一般为枝粗的1/10左右。弱枝不宜剥皮。

（2）刻伤　用刀在芽的上方横切，深达木质部称为刻伤。在春季树木发芽前，在芽上方刻伤，可暂时阻止部分根系贮存的养料向枝顶回流，使位于刻伤口下方的芽获得较为充足的养分，有利于芽的萌发和抽新枝，刻伤越宽，效果越明显。如果生长盛期在芽的下方刻伤，可阻止碳水化合物向下输送，滞留在伤口芽的附近，同样能起到环状剥皮的效果。

（3）扭梢和折梢　在生长季内，将生长过旺的枝条，特别是着生在枝背上的旺枝，在中上部扭曲下垂称为扭梢。将新梢折伤而不断则为折梢。扭梢与折梢是伤骨不伤皮，目的是阻止水分、养分向生长点输送，削弱枝条长势，利于短花枝的形成。

伤的大部分工作在生长期内进行，对局部影响较大，对整个树木的生长影响较小。

5. 变

将直立生长的背上枝向下曲成拱形时，顶端优势减弱，枝条生长转缓。下垂枝因向地生长，顶端优势弱，枝条生长不良，为了使枝势转旺，抬高枝条，使枝顶向上即可改变长势。

6. 其他方法

摘蕾、摘果也是一项修剪内容。蕾或果过多，影响开花质量和座果率；月季，牡丹等花蕾多，为促使花朵硕大，常需及时摘除过多的花蕾；易落花的花灌木，一株上不宜保持较多的花朵，应及时疏花。

以上几种修剪方法，应根据树种、树龄、树势和目的灵活应用，它们既有各自的作用，综合运用时又能互相影响。如对多年生树木回缩更新时，又疏去其中部分枝条抑制其生长，就会削弱回缩的作用，更新复壮效果不明显。此外，修剪的作用需在加强肥水管理的基础上才能有效地表现出来。

任务 4　处理枝条的剪口

1. 剪口与剪口芽

剪口的方向、剪口芽质量影响到被修剪枝条抽生新梢的生长与长势。剪口芽是靠近剪口旁的芽。

（1）剪口芽的选择　剪口芽的方向、质量，决定了新梢生长方向和枝条的生长状况。选择剪口芽应慎重考虑树冠内枝条分布状况和期望新枝长势的强弱。需向外扩张树冠时，剪口芽应留在枝条外侧，如欲填补内膛空虚，剪口芽方向应朝内，对生长过旺的枝条，为抑制它生长，以弱芽当剪口芽，扶弱枝时选留饱满的壮芽。

呈垂直生长的主干或主干枝，由于自然枯梢等原因，需要每年修剪其延长枝时，选留的剪口芽方向应与上一年相反，保证枝条生长不偏离主轴。

（2）剪口　剪口要求平滑，与剪口芽成45°角的斜面，从剪口芽对侧下剪，使剪口芽与斜面不在同一方向，斜面上方与剪口芽尖相平，斜面最低部分与芽基相平，这样剪口创面小，容易愈合，芽可得到足够的养分和水分，萌发后生长快；剪口距芽的距离以 0.5～1cm之间为宜；过长芽易发生弧形生长现象，而且芽上方过长的枝段，由于水分、养料不易流入，常干枯或腐烂。过短，修剪时易损伤芽，同时剪口蒸发使剪口芽失水过多，芽易干枯死亡。在空气干燥的地区适当留长些，湿润地区可留短些。

疏枝的剪口，从分枝点处剪去，与干平，不留残桩。丛生灌木疏枝与地面相平。

2. 大枝分步锯除法

对较粗大的枝干，回缩或疏枝时常用锯操作。从上方起锯，锯到一半的时候，往往因为枝干本身重量的压力造成劈裂。从枝干下方起锯，可防枝干劈裂，但是因枝条的重力作用夹锯，操作困难，在锯除大枝时，采用分步作业法。

（1）留残桩法　在离要锯大枝的锯口上方20cm处，从枝条下方向上锯一切口，深度为枝干粗度的一半，从上方将枝干锯断，留下一段残桩，然后锯除残桩，这样即可避免枝干劈裂。

（2）不留残桩法　先从枝干基部下方向上锯入深达1/3时，再从锯口向下锯断。疏除大枝必须在枝基锯断，不留残桩，防止腐烂，轮生枝避免环剥。

3. 剪口的保护

短剪与疏枝的伤口不大时，可以任其自然愈合。如锯除大的枝干，造成伤口面大，表面粗糙时，常因雨淋、病菌侵入而腐烂。因此，伤口要用锋利的刀削平整，用2%的硫酸铜溶液来消毒，最后涂保护剂，起防腐防干和促进愈合的作用，有下面两种保护剂效果较好：

（1）保护蜡　将松香:黄蜡:动物油按质量5:3:1配制。具体做法是：先把动物油放入锅中加温火，再将松香粉与黄蜡放入，不断搅拌，至全部溶化，熄火冷却后即成。使用时用火溶化，蘸涂锯口。熬制过程中应注意防止着火。

（2）豆油铜素剂　豆油:硫酸铜:熟石灰按质量1:1:1配制。具体做法是：先将硫酸铜、熟石灰研成细粉末，将豆油倒入锅内煮至沸热，把硫酸铜与熟石灰加入油中搅拌，冷却后即可使用。

【问题探究】

一、整形修剪有哪些作用?

1. 调节树体的生长

通过对树木枝条合理剪留,来调整养分与水分的运输方向,加强根系吸收水分和养分的能力,使地上、地下部分生长趋于平衡,长期保持旺盛的生长势,延缓过早衰老。对衰老树、弱枝、弯曲枝的修剪,可促其萌发生命力旺盛的、强壮的和通直的新枝,达到更新复壮,加强树势的目的;相反,对过强的枝条也可用修剪的方法,削弱其长势,使树冠的枝条均衡分布。

2. 调节营养生长与生殖生长关系

以观花观果为主的树木,通过对枝条的修剪,可调节树木的营养生长与生殖生长的矛盾,使营养物质合理分配,促进花芽的分化,提早开花结果,克服观果树木的大小年现象,保持观赏效果。

3. 改善通风透光条件

在树冠内膛过密时,应及是将过密枝、重叠枝、徒长枝、伤残病虫枝、并生枝、内向枝等修剪去,使树冠通风透光,光合作用得到加强,减少病虫的发生。

4. 控制枝条伸长的方向,体现设计要求,满足观赏需要

如临水体的树木修剪成临水式等;路边、广场中心的树木或绿篱,修剪成伞形、塔形、波浪形、多层形、长方形等。

5. 调节枝叶矛盾,减少伤害

结合生产,控制树体大小,保持设计意图。

二、整形修剪有哪些方式?

1. 自然式修剪

各种树木都有一定的树形,保持树木原有的自然生长状态,以体现园林的自然美,称为自然式修剪。如万丝高垂的垂柳、龙爪槐、垂榆,单轴分枝的水杉、雪松、杨树,修剪时应维持树冠的完整,仅对病虫枝、伤残枝、重叠枝、内膛过密及萌蘗枝加以剪除。对龙柏、雪松、铅笔柏等,为增添庭园景色,要求干基枝条不光秃,形成从下至上完整圆满的绿柱,下部枝条不修剪,只对上边的病虫枝及扰乱树形的枝条进行修剪。

各种树木因分枝习性、生长状况不同,形成了各式各样的自然树冠形式,研究和了解各树木的冠形是自然式整形的基础。归纳起来,主要树木冠形大致有以下几类:

圆柱形——龙柏、铅笔柏、松;

塔　形——雪松、水杉、龙柏(幼中龄期)、塔形杨;

圆锥形——落叶松、毛白杨;

卵圆形——桧柏(壮年期);

圆球形——元宝枫、黄刺玫、桃叶珊瑚、栾树、红叶李;

倒卵形——构骨、枫树、刺槐;

丛生形——玫瑰、棣棠;

拱枝形——连翘、南迎春;

伞　形——龙爪槐。

各类冠形间除塔形外，没有明显的界线，而且随年龄发生变化。如核桃，青年期为圆锥形树冠，以后变为伞形，修剪中要灵活掌握。对主干明显、有中央领导干的单轴分枝树木，修剪时应注意保护顶芽，防止偏顶而破坏冠形。

2. 人工式修剪

按照园林中观赏的需要，将树冠修剪成各种特定的形式，如多层式、螺旋式、半圆式或倒半圆式；单杆、双杆、临水、曲干、悬垂式；各种动物、亭、台、牌楼等造型和绿门、绿篱等。以上修剪的特定的形式不是顺树冠生长规律进行，一定时期后，枝条按自身规律生长会破坏其造型，需要经常不断地加以整形修剪，比较费工时，西方规则式园林中应用较多。我国园林以自然式为主，除绿篱用几何形修剪外，其他树木应用较少。

3. 自然和人工混合式

在树冠自然式的基础上加以人工塑造，以符合人们观赏的需要和树木生长的要求。对干性弱的一些树种，采用无中央领导枝的整形方式，如杯状形、开心形、头状形、架形和葡萄形等。

（1）杯状形（碧桃、梅花普遍采用）　一年生苗木，头年距地面45～60cm处剪断主干，翌春萌发后，选留3个生长粗壮，分布均匀的枝条任其生长。如枝条与主干之间夹角不够理想，可用支柱使它们与主干成45°角，冬季将3个枝条留60～70cm短剪，剪口芽位置宜在枝条的两侧。第二年春季任其萌发抽梢，可得6个主枝。冬季将枝条留60～70cm再短剪，各枝留2个剪口芽，第三年春可萌发出12个粗壮分枝，即完成造型。以上工作应在苗圃内完成。栽植在绿地后，每年注意维持树形，剪去乱枝、密生枝和病虫枝等，使树冠内腔扩张。

（2）开心形（法桐常采用）　开心形由杯形发展而来。主干上留3个主枝：每主枝上留2～4个侧枝。留4个侧枝时，第1、第3侧枝在同一方向；第2、第4侧枝，在第1、第3侧枝相对的同一方向内，各侧枝间距离约为30～40cm，任其生长，形成半圆形开张树冠。

（3）丛生形　适用于无中央主枝，主、侧枝极不明显，枝条细弱而根蘖能力强的株丛，高度不超过2m的低矮灌木，如棣棠、贴梗海棠、金钟等。除在植株衰老齐地面或一定高度处剪断，使株丛更新复壮外，一般只修去乱枝、伤残枝及病虫枝等。

（4）头状形　将具圆球形或卵圆形树冠的耐修剪树木，如紫薇、石楠、海桐、黄杨等，修剪成圆球形的树冠，用以组景。

（5）匍匐式　对自然铺地生长的偃柏、鹿角桧等，适当修剪整形后，可使造型更优美。

【课余反思】

园林树木整形修剪的确定原则有哪些？

园林树木整形修剪要根据树木的习性及长势而定，主干性强的应保留主干，采用塔形、圆锥形整形；主干生长势弱的易形成丛状树冠，可修成圆球形、半球形或自然开心形。此外，还应考虑栽植地的环境与公园组景的需要。

整形修剪的方式很多，具体到每一树木应采用什么方式，不能主观决定，应根据树木分枝习性、观赏功能的需要，以及自然条件等因素来考虑。

1. 园林树种生长习性与修剪

树木的分枝习性、萌芽力与成枝力的大小、修剪伤口愈合能力强弱及修剪后产生的反映都不相同，修剪时应区别对待。凡萌芽力、成枝力及愈合能力强的树种，称为耐修剪树种，如悬铃木、黄杨、月季、女贞等，一年内可多次修剪或重剪。修剪方式可根据公园组景的需要及其他树木搭配的要求，不局限于某一因素。萌芽力、成枝力、伤口愈合能力均弱的树木称为不耐修剪树种，如桂花、玉兰及松类，只能轻剪或不剪。修剪时要尽量不疏，以增加枝量。

2. 园林的功能需要与修剪

园林中选择的树木，各自的功能目的不同，整形修剪的要求、方式也不同，如绿篱应修剪成梯形、圆球形、长方形等几何形体，使园林中树木各具风姿，满足不同层次和景观的观赏需要。

在游人多的主景区或规则式园林中，修剪宜精细，进行多种艺术造型；在游人少的偏角处以古朴自然为主的小游园中或景区内，以粗剪为宜，保持自然式的树形。

3. 环境条件与修剪关系

同一树种，生长地的自然环境不同，在修剪上要具体对待。在风口或空旷地栽植的树木，不宜过高大，要降低分枝点的高度，用疏剪适当抽稀树冠，防止风倒或风折。作为庭荫树的法桐，修剪时以自然式树形较好。如作为行道树栽植时，由于受到架空线路的影响和两旁建筑物的限制，以及炎热夏季遮阴的需要，采用开心形修剪比较理想。此外还应考虑与建筑物的高矮、格调的协调关系。

4. 树势与修剪

修剪前，应对全园树木进行一次调查，了解树木生长势的强弱。生长旺盛的树木宜轻剪，弱树宜重剪更新，如桃花，营养枝（长枝）减少，短果枝（或花束状）、结果枝增多，为树势衰弱的表现，应采取疏花和重剪，以壮树势。

【随堂练习】

1. 如何理解整形和修剪？
2. 园林树木的修剪工具主要有哪些？
3. 园林树木常见的修剪方法主要有哪些？
4. 园林树木整形修剪时期如何确定？
5. 园林树木的整形修剪有哪些作用？
6. 园林树木的整形修剪有哪些方式？

项目 2　行道树的整形修剪

学习目标

学会不同树形行道树的整形修剪方法。

【项目导入】

行道树是指在道路两旁整齐列植的树木，每条道路上的树种基本相同。城市中，干道栽植的行道树，主要的作用是美化市容，改善城区的小气候，夏季增湿降温、滞尘和遮阴。行道树要求枝条伸展、树冠开阔、枝叶浓密。行道树的冠形依栽植地点的架空线路及交通状况而定。在架空线路多的主干道上及一般干道上，一般采用规则形树冠，整形修剪成杯状形、开心形、圆柱形、球形等立体几何形状。在无机动车辆通行的或狭窄巷道内，可采用自然式树冠，如南京市北京东路与太平北路，在主干道两侧用自然式冠形的雪松、薄壳山核桃及水杉等，绿化效果很好。所以自然式冠形的行道树，以巷道及郊区公路两旁使用为宜。

行道树一般使用树体高大的乔木树种，主干高要求在 2.5~6m 之间，行道树上方有架空线路（高压线、电话线等）通过的干道，其主干的分枝点高度，应在架空线路的下方，而为了车辆行人的交通方便，分枝点不得低于 2~2.5m。城郊公路及街道、巷道的行道树，主干高可达 4~6m 或更高。定植后的行道树要每年修剪扩大树冠，调整枝条的伸出方向，增加遮阴保湿效果，同时也应考虑到建筑物、架空线与采光等影响。

【学习任务】

1. 项目任务

本项目主要任务是完成行道树的整形修剪。学会行道树的整形修剪方法，符合景观设计要求。

2. 任务完成内容

具体学习任务见图4-2。

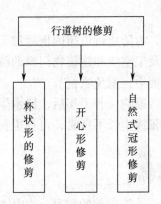

图4-2 行道树的修剪任务

【操作要点】

主要的操作过程是完成图4-2中的各项任务。我们对各项任务进行逐个学习，最终完成行道树的修剪任务整个项目，形成符合景观要求的产品。

任务1 修剪杯状形行道树

1. 树种选择

可选用无中央领导枝（如法桐）和有中央领导枝（如椴树）的树种，后者整形修剪工作量要大。杯状形行道树具有典型的三叉六股十二枝的冠形，主干高在 2.5~4m，整形工作是在定植后的 5~6a 内完成的。

2. 修剪过程（以法桐为例）

1）春季定植时，视栽植地点环境条件，于树干 2.5～4m 处截干，萌发后选 3～5 个方向不同分布、均匀与主干成 45°度夹角的生长好的枝条作为主枝，其余分期剥芽或疏枝，冬季对主枝留 80～100cm 短截，剪口芽留在侧面，并处于同一平面上，使其匀称生长；第二年夏季再剥芽疏枝。

2）幼年法桐顶端优势较强，在主枝呈斜上生长时，其侧芽和背下芽易抽生直立向上生长的枝条，为抑制剪口处侧芽或下芽转向上直立生长，抹芽时可暂时保留直立枝，促使剪口芽侧向斜上生长；第三年冬季于主枝两侧发生的侧枝中，选 1～2 个作延长枝，并在 80～100cm 处再短剪，剪口芽仍留在枝条侧面，疏除原暂时保留的直立枝、交叉枝等，如此反复修剪，经 3～5 年后即可形成杯状形树冠。

3）在骨架构成后，树冠扩大很快，疏去密生枝、直立枝，促发侧生枝，内膛枝可适当保留，增加遮阴效果。上方若有架空线路，勿使枝与线路触及，按规定保持一定距离；一般电话线为 0.5m，高压线为 1m 以上；近建筑物一侧的行道树，为防止枝条扫瓦、堵门、堵窗，影响室内采光和安全，应随时对过长枝条进行短截修剪。

4）生长期内要经常进行抹芽，主干道一年不少于 4 次，不定芽不应超过 15cm；次干道也应抹芽 2～3 次，抹芽时不要扯伤树皮，不留残枝。冬季修剪时把交叉枝、并生枝、下垂枝、枯枝、伤残枝及背上直立枝等截除，截面要平整，伤口直径超过 6cm 的一定要涂防腐剂。

3. 注意事项

在沿海易受台风袭击的城市，为防止行道树因树冠过于浓密而被台风吹倒，除冬季按规定修剪外，生长期内要随时将触及架空线和建筑物门窗的枝条剪去，并将树冠内膛过密枝适当疏剪、抽稀，增加树冠的透风能力，避免吹倒。

当树木因土壤恶化，地下管线影响，若干年后，树木生长由盛转衰时，或受周围环境限制，如建筑物或树冠相接无法扩张或生长不良时，可在生长良好、部位合适的带头枝处，进行回缩更新。

任务2　修剪开心形行道树

开心形多用于无中央主轴或顶芽能自剪的树种（如国槐），树冠自然开展。开心形树冠是杯状形演变的，整形修剪不太严格。

1）在定植时，将主干留 3m 或者截干。

2）春季发芽后，选留 3～5 个位于不同方向、分布均匀的侧枝进行短剪，促枝条生长成主枝，其余全部抹去。

3）生长期内注意将主枝上的芽抹去，只留 3～5 个方向适合、分布均匀的侧枝。来年萌发后选留侧枝，全部共留 6～10 个，使其向四方斜生，并行短截，促发次级侧枝，最终使冠形丰满、圆整、匀称。

任务3　修剪自然式冠形行道树

在栽植地点上方设有架空线路，在窄巷和次干道上，以及连接城市与郊区的公路上的行道树，在不妨碍交通和其他公用设施的情况下，树木有任意生长的条件时，行道树多采用自然式冠形，如塔形、卵圆形、扁圆形等。

1. 有中央领导干的行道树（如杨树、水杉、侧柏、金钱松、雪松、枫杨等）

1）为使有中央领导干的行道树树体高大，树冠浓密而扩张，发挥更大的绿化效果，栽培中要保护顶芽向上生长，枝条分枝点的高度按树种特性及树木规格而定。郊区多用高大树木，分枝点在 4 ~ 6m 以上。主干顶端如受损伤，应选择一直立向上生长的枝条或在壮芽处短剪，并把其下部的侧芽抹去，抽出直立枝条代替，避免形成多头现象。

2）这类行道树，主轴强，每年在主干上形成一层枝条，修剪时每层留 3 ~ 4 个枝条，均匀分布在主干上，相互错开。阔叶类树种如杨树、银杏等，每年枝条短截，下层枝应比上层枝留得长，萌生后形成圆锥状树冠；树冠形成后，仅对枯病枝、过密枝疏剪，一般修剪量不大。

3）对于常绿树作行道树（如雪松），除保持顶尖向上自由生长外，分枝点高度依栽植地具体条件决定，在交叉路口或转弯处，分枝点宜高，在 3m 以上，下垂枝不得低于 2m，防止枝条低矮、过密，引起交通事故；在直车道两旁栽植时，分枝点可适当降低。对于多主尖的常绿树木，如桧柏、侧柏等应选留理想主尖，对其余的进行两三次回缩，就可形成一个主尖；如果主尖受伤，扶直相邻比较壮的侧枝进行培养，如雪松等轮生枝条，选一健壮枝，将一轮中其他枝回缩，再将其下一轮枝轻短剪，就培养出一新主尖；对树冠偏斜或树形不整齐的可截除强的主枝，留弱的主枝进行纠正。

2. 无中央领导干的行道树

1）选用主干性不强的树种，如旱柳、榆树、梓树等，分枝点高度一般为 2 ~ 3m，留 5 ~ 6 个主枝，各层主枝间距短，使其自然长成卵圆形或扁圆形的树冠。每年修剪主要对象是密生枝、枯死枝、病虫枝和伤残枝等。

2）行道树定干时，同一条干道上分枝点高度应一致，使整齐划一，千万不能高低错落，影响美观与管理。

【问题探究】

1. 行道树的修剪时间如何确定？

落叶乔灌木在落叶后至次年的发芽前进行。伤流严重的树（如桦木、核桃、枫杨、元宝枫、悬铃木等）应避开伤流期在生长季节进行，否则自伤口流出大量树流会使植株受到严重伤害。观花树种应于落花后进行。

2. 行道树的修剪原则有哪些？

1）对于主干明显的树种，要保护中央领导枝不受损伤。对主轴不明显的树种，要根据其树种的特性进行整形修剪，如国槐、柳树等树种修剪成伞形或馒头形使树形整齐美观。

2）新植行道树栽植一年后要进行适当短截，以扩大树木根系，防止倒伏。

3）对于乔木，树冠衰老、病虫严重或其他损伤已无发展前途，而基部仍很健壮者，可将树干自分枝点以上全部截去，使之另生新枝，俗称"抹头更新"，此法适用于无主轴树种。

【课余反思】

行道树修剪时应注意哪些事项？

1）对于修剪量大、技术要求高、工期长的修剪任务，开工前要制定详细的修剪方案（包括时间、人员安排、工具准备、施工进度、枝条处理、现场安全等）。

2）修剪时应注意气候变化，选择无风晴朗的天气进行施工。

3）在修剪前，技术人员要全面、细致地观察整株树木的生长习性、树形及周围的环境条件，做到通盘考虑修剪要领，按照"由基到梢，由内及外"的顺序来剪，切忌盲目修剪，造成差错或漏剪。

4）对修剪的枝条要遵循"去弱留强"的原则，重点修剪病虫枝、枯萎枝、内膛枝、弓背枝、交叉枝、重叠枝及分枝角度过小的枝，达到通风、透光、减少与空中线路交叉矛盾，减轻病虫危害的目的。

5）要根据整株树的生长习性及其周围环境的特点确定所留枝条的方向和角度。

6）修剪后要及时对伤口进行涂抹保护剂处理（如黄漆、铅油、接蜡等）。

7）修剪施工时应特别注意工作人员及周围人、车财产安全。

【随堂练习】

1. 什么是行道树？一般城镇绿化对行道树种有何要求？
2. 行道树的树形一般有哪些类型？
3. 行道树的修剪时期如何确定？
4. 行道树的修剪原则有哪些？

项目 3 观花树木的整形修剪

学习目标

学会不同季节观花树木的整形修剪。

【项目导入】

观花树木主要是指以观花为主的乔木、灌木。观花、观果、观姿态等树木，修剪时应考虑各树种的生长特性、物候期、耐寒性、耐修剪程度及修剪的方法、时期和树形，同时还应考虑与建筑物的协调。丛植的花灌木还应考虑其整体造型。合轴分枝类型的碧桃、杏、丁香等，宜采用开心形或自然开心形树冠。枝干丛生式的紫荆、木槿、月季及棣棠等，宜采用圆头形树冠。主干明显较高的桂花、紫薇、紫玉兰等，以圆形或自然冠形为好。

以观花为主的灌木，开花期主要在春季和夏季。春季开花植物一般宜开花后修剪；夏季开花的灌木，花芽在当年生枝条上形成，当年开花，应在开花前即落叶后萌芽前进行修剪，促发多量粗壮侧枝、增加花量，并于休眠期进行花枝短截，保证养分集中，使花大花美。一年能多次抽梢、多次开花的灌木，应当在每次开花后及时短剪枝条使其及时抽梢、开花。

【学习任务】

1. 项目任务

本项目主要任务是完成观花树木的整形修剪。要求整形修剪方法正确，符合景观设计要求。

2. 任务完成内容

具体学习任务见图 4-3。

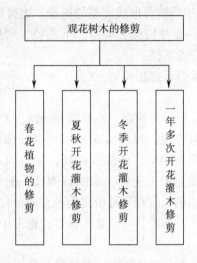

图 4-3　观花树木的整形修剪任务

【操作要点】

主要的操作过程是完成上面任务流程图中的各项任务。我们对各项任务进行逐个学习，最终完成观花树木的整形修剪整个项目，形成符合要求的景观产品。

任务 1　修剪春季开花树木

春季发芽后枝条生长，6~8 月份在当年生枝上形成花芽，经过冬季低温春化作用后，于第二年早春开花吐蕊（如迎春、碧桃、金钟花、贴梗海棠、紫荆、白玉兰等）。应在春季开花后 1~2 周内及时修剪，减少养料的消耗，促进多生侧枝，增加来年的开花量。

1. 碧桃

1）以杯状形或自然开心形为主要冠形，在 15cm 以下的短枝上开花量最多，30cm 以上的长枝开花少。

2）花后对 30cm 以上长枝进行短剪，截去枝长的 1/3~1/2，其目的在于使被剪枝条萌发较多较强的短枝，同时使骨干枝继续向外延长伸长，扩大树冠，增加开花的面积和可看性。中枝（30cm 以下）与短枝一般不剪，花后仍可形成花枝。病虫枝、枯枝、内膛密生枝、交叉重叠枝等应进行疏剪。

3）已进入盛花期的树宜轻剪，修剪量大会刺激休眠芽萌发，抽生徒长枝，削弱树势，减少开花量。如各主枝长势不平衡有偏冠现象时，或因损伤折断主枝时，可利用延长枝进行调整。对长势过旺的主枝，将强壮延长枝疏剪，用下部长势中庸的枝条代替，这样就能平衡树势，对长势弱的或被损伤的主枝，在壮芽处短剪，剪口芽留在外侧枝条伸长方向，使抽生壮枝代替主枝，或使弱转强。

4）当骨干枝的延长枝年生长量不足 20cm 且发枝少时，表示树木已开始衰老，如不及时更新，几年后全树死亡。更新时期从年生长量小于 20cm 的时候进行，过迟树势太衰弱，更新效果欠佳；对骨干枝缩剪时，可在7～8年生或3～4年生枝上下剪；缩剪程度依树势而定。弱树应重剪，剪口下方有较强的分枝或徒长枝；对下部枝条光秃，上部枝条较粗的衰老树，如树干皮色较新鲜、光滑，木质部尚无腐朽象征，可在没有分枝的树干上回缩，培养树冠代替老树，一般更新2～3年后就可形成完整的树冠。缩剪后如一个芽位处萌发2～3个枝条时，只保留一个强壮者。5～6月份疏去弱枝、下垂枝、密生枝，使养料集中供应强枝生长，并根据枝条生长进行摘心或扭梢。

以桃为砧的梅花，与碧桃修剪方法相似。

2. 牡丹

春季抽梢在顶部开花，花后剪去残花，不使结籽，减少养料消耗，植株基部易发生萌蘖使枝条过密者，在春季应及时除蘖。每株留5～8个主枝，留得过少花稀，过多养分不足，影响花朵的形与色；枝条应分布均匀，使株形饱满，主枝间高度不宜相差过多，过高者短剪，用侧芽代替；主枝不足或冠形不完整，应酌留侧枝，梢部枝条一般不充实，有"长一尺、退七寸"之说。冬季常枯梢，应在7月份之前花芽未分化时，适当短剪，使枝条生长粗壮充实，集中养料供花芽分化，又可获得低矮的株形；也可于落叶后疏剪或短剪。

3. 贴梗海棠

在2年生枝条的短枝上开花，花朵集中在丛生状的树干，长枝上侧短枝越多，花芽数增加。春季开花后剪去头年长枝的梢部，并修去弱枝、病虫枝、枯枝与交叉枝，促发短侧枝，增加第2年春季开花量。

4. 棣棠

1) 丛生式灌木，修剪成圆形树冠，花芽着生在一年生枝上，开花数与枝条萌抽数有关，应每年或隔年于花后将枝条留50cm短剪，促使根茎大量萌发侧枝。

2) 棣棠枝条易发生退枝现象，从上至下渐次枯死，应及时剪去枯枝，否则蔓延全株引起死亡。当全株枝条衰老或欲加强树势时，在秋冬季将枝条从基部截去，翌春重萌新枝组成株丛，枝茂花繁。

任务2　修剪夏、秋开花灌木

春季抽梢，夏、秋季在当年生枝上形成花芽并开花，如木槿、桂花、珍珠梅、栀子花等。为促其多开花，应在花前修剪，休眠期对枝条进行短截，春季抽出粗壮枝条。对萌芽力及成枝力弱的树种，应少剪或不剪。

1. 栀子花

1) 为三叉分枝树木，萌芽力强，可修成球形、半球形或花篱式。

2) 定植后的小苗，为加速形成树冠，于5～7月各修剪一次，促轮生枝萌发，很快形成饱满的冠形，继而开花。

3) 6～7月在新梢上开花，花后摘去残花可延长花期。秋冬季疏去密枝、弱枝与病虫枝，并短剪枝条，维持冠形，还可改善树冠内膛的通风和光照，利于开花。

2. 石榴

6月是石榴开花盛期，繁花似火，秋季红果累累。石榴分枝力强，耐修剪，根部易生萌蘖。一般采用多杆式和单杆式整形方式。多杆式又可分为双杆、三杆和多杆。对根部萌发的徒长枝、根蘖枝，应及时除蘖抹芽，防止多余的枝条扰乱树形；春、秋两季应适时进行疏剪和短剪，修剪时应注意保留顶生花芽，这种花芽最易结果。

3. 木槿

木槿是秋季庭园中重要的观花灌木，萌发力较强，常用于花篱。每年进行短剪，促使侧枝大量生长，使篱体紧密，开花多，并可控制高度。衰老树干在休眠期齐地15cm处剪去，施肥促使萌发更新。

庭园及街心绿化带栽植的木槿，株形应饱满匀称，枝条过密应适当疏剪。为扩大树冠，在休眠期对当年生枝条进行短剪，同时修去弱枝及枯病枝等。

4. 锦带花

花芽着生在1~2a生枝上，萌芽力强，每隔2~3a可进行一次回缩修剪，将3a生以上的老枝剪去，以萌发的强壮新枝组成树冠，进行更新。花后如能及时摘除残花，不使结籽，有利于枝条生长；休眠期只需剪去枯病老弱枝条。

5. 桂花

枝条萌发力弱，庭园栽植的桂花，一般不进行短剪或回缩，仅对枯枝、病虫枝、弱枝及密生枝进行疏剪。

任务3　修剪冬季开花灌木

1）腊梅在隆冬季节开花，花芽着生在1~2a生枝条上，50cm长以下的枝条上花芽着生最多。

2）腊梅萌芽力和成枝力均强，耐修剪，素有"腊梅不缺枝"的说法，一般重剪无妨。冬季开花之后，叶芽萌发之前，将长枝留20cm时进行短剪，能萌发大量粗壮的花枝、密生枝、重叠枝等，应及时进行摘心、抹芽，7~8月停止摘心与抹芽，使枝条木质化，供做接穗用；冬季叶片凋萎未落时摘叶，可促使早开花。

任务4　修剪一年多次开花灌木

有些植物，只要气温合适，可于一年内多次抽梢，多次开花。为保证这类植物不断抽新梢，不断开花，需要进行多次修剪。

1. 月季

花期长，从5~10月下旬都能开花，如果冬季温度适宜，水肥充足，也照开不误。月季萌发力强，很耐修剪，剪口芽抽枝后，经一定的生长期后，即可枝顶开花。

（1）休眠期修剪　月季落叶后萌芽前进行修剪，北方2~3月，在需堆土防寒的地区宜早剪。江南1~2月，对当年生枝条进行短剪或回缩强枝，枝上留芽10个左右，修剪量不能超过年生长量；修剪过强，枝条损失多，叶片面积数量减少，光合作用削弱，降低体内碳水化合物的水平，春季发枝少，树冠不能迅速形成；修剪过弱，枝条年年向上生长，开花部位逐年上升，影响观赏和管理；同时，应把交叉枝、病虫枝、并生枝、弱枝及内膛过密枝剪去。北方寒冷地区，月季易受冻害，可行强剪，将当年生枝条长度的4/5剪去，保留3~4个主枝，其余枝条从基部剪除；必要时进行埋土防寒。

供为母体的植株，为了年年采集大量的穗条，冬季也应行重剪，春季才能抽出量多质好的枝条，供繁殖使用。

当月季树龄偏老，生长衰弱时，可进行更新修剪，将多年生枝条回缩，由根茎萌蘖强壮的徒长枝代替，回缩更新的效果与水肥管理关系密切。

（2）生长期修剪　月季花朵开在枝条顶部，每抽新梢一次，可于枝顶开花。利用这个特性，一年内可多次修剪，促其多次开花。若不为留种或育种，花后可不使结实，立即在新梢饱满芽位短剪，通常在花梗下方第 2～3 芽处；剪口芽很快萌发抽梢，形成花蕾开花，花谢后再剪。如此重复。每年可开花 3～4 次；从剪梢到开花需 40d 左右。生产上常用修剪法控制花期。如欲国庆节参加评展，应于 7 月中间剪梢，配合肥水管理，届时肥葩怒放。

对杂交香水月季，花蕾过多会影响花色与花朵大小，应及时摘去过多的侧蕾，保留顶部一个蕾；对观花品种可适当多留。易萌蘗的品种及时除蘗，如"黄和平"易从根部萌发粗壮徒长枝，不开花且消耗大量营养物质，对植株生长极为不利。发现病虫枝、枯枝、伤残枝后，应及时剪去。

（3）树状月季的修剪　月季整形修剪成独干式树形，国内外都称为月季树，别具一格。开花时，圆球形的树冠上，花团锦簇，美不胜收。

月季树要经过 3 年培养定干，以主干直立性强的品种为宜。选一基芽萌发成强枝，加强肥水管理并及时除萌蘗，待枝长至 60～100cm 时，顶端保留 3～4 个芽，其余剪去，芽萌发至 10～12cm 时摘心，保其再发分枝，反复摘心，第 3 年就可形成伞状树冠的月季树。

对月季进行多头嫁接，成活后反复摘心，也可培育成树冠如伞的树状月季。

2. 紫薇

紫薇又名痒痒树、百日红。

1）花期 6～9 月，花序生于新梢枝顶，花后及时将花枝剪去，使强壮的剪口芽又萌发壮枝，剪后 20d 又可在枝顶重新开花。

2）为增强观赏效果，丛生形树干应控制其高度，使高低错落满树有花。乔木状单杆式的紫薇应及时除萌。冬季将枝条留 10cm 左右短剪，使来春萌发壮枝孕蕾开花。当树势或枝势弱或衰老时，可立即进行回缩更新，培养萌蘗枝代替。

3）紫薇枝条柔软，也可用铅丝等绑扎，或用整形修剪方法培育成不同的树形，如悬崖式、垂枝式等。由于枝条生长力强，造型的树木要常进行摘心除蘗，疏枝或短剪，以维持冠形。

【问题探究】

对于开花灌木的壮年树和老弱树如何修剪？

1）壮年树应充分利用立体空间，促使多开花。于休眠期修剪时，在秋梢以下适当部位进行短截，同时逐年选留部分根蘗，并疏掉部分老枝，以保证枝条不断更新，保持丰满株形。

2）老弱树木以更新复壮为主，采用重短截的方法，使营养集中于少数腋芽，萌发壮枝，及时疏删细弱枝、病虫枝、枯死枝。

【课余反思】

冬季园林树木修剪应注意哪些问题？

因为冬季树木处于休眠期，此时修剪对树木的损伤较小，有利于保护树木。修剪要因树木种类而异，区别对待。

冬季修剪还要注意气温,在天气严寒时,不易修剪,以免树木伤口冻伤。可在早春天气回暖,根系进入旺盛活动之前进行。冬季修剪要根据树木特性、天气条件等因素来进行,以达到整形、促长、越冬、防虫的目的。冬季修剪还要注意,不要伤及紧贴主干的部位,不要将侧枝残桩留得太长,以促进伤口早日愈合。锯口要平滑,避免树皮撕裂。还要在锯口涂抹保护剂,如石灰、漆等。在修剪时,还要注意顶部侧芽应留在枝条的外侧,以保持树形向外生长。即冬季修剪的时间范围是从秋末枝条停止生长开始,到来年早春顶芽萌发前为止。

【随堂练习】

1. 什么是观花树木?
2. 观花树木的修剪时期如何确定?
3. 观花树木主要有哪些类型?

项目 4　绿篱和庭荫树的整形修剪

学习目标

学会绿篱及庭荫树的整形修剪方法。

【项目导入】

适宜做绿篱的植物很多,如女贞、大叶黄杨、锦熟黄杨、石楠、珊瑚树、冬青、火棘、大叶栀子、构桔、构骨、野蔷薇、千头柏等。北方常用侧柏、榆,热带则多用三角花、茉莉组成花篱。有些地区用一年生地肤作临时性的绿篱,效果也很好。

绿篱的高度依其防范对象来决定,有绿墙(160cm 以上)、高篱(120~160cm)、中篱(50~120cm)和矮篱(50cm 以下)。绿篱进行修剪,既为了整齐美观,增添园景,也为了使篱体生长茂盛,长久不衰。高度不同的绿篱,采用不同的整形方式。

【学习任务】

1. 项目任务

本项目主要任务是完成绿篱及庭荫树的整形修剪。学会整形修剪方法,使修剪成果符合园林景观的设计要求。

2. 任务内容

具体学习任务见图 4-4。

【操作要点】

主要的操作过程是完成图 4-4 各项任务。我们对各项任务进行逐个学习,最终完成绿篱整形修剪任务整个项目,形成符合设计要求的景观产品。

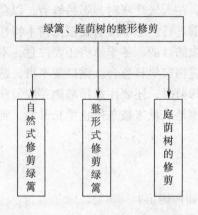

图4-4　绿篱及庭荫树的修剪任务

任务1　自然式修剪绿篱

1）绿墙、高篱和花篱采用自然式修剪较多。在公园绿地上分隔小区和遮掩破旧角落、旧建筑物墙面、厕所及围墙时，在其前方或四周种植绿墙或高篱，以隔断游人视线，这类篱墙采用自然式修剪。修剪时，适当控制高度，并疏剪病虫枝、干枯枝，任枝条生长，使其枝叶相接紧密成片提高阻隔效果。

2）机关、工厂和单位用于防范的构骨、构桔等刺篱和玫瑰、蔷薇、木香、栀子花等花篱，也以自然式修剪为主。

花篱开花后略加修剪使之继续开花。冬季修去枯枝、病虫枝。对萌发力强的树种，盛花后进行重剪，使新枝粗壮，篱体高大美观，如栀子花、蔷薇等。

任务2　整形式修剪绿篱

1. 中篱和矮篱

1）常用于草地、花坛镶边，以及组织人流的走向，这类绿篱大都低矮。绿篱种植后剪去高度的1/3～1/2，修去平侧枝，统一高度和侧面，促使下部侧芽萌生成枝条，形成紧枝密叶的矮墙，显示立体美。

2）绿篱每年最好修剪2～4次，使新枝不断发生，更新和替换老枝。整形绿篱修剪时，顶面与侧面兼顾，从篱体横断面看，以矩形和基大上小的梯形较好，下部和侧面枝叶受光充足，通风良好，生长茂盛，不易产生枯枝和空秃现象。倒梯形整形方式对篱体生长不利，顶部宽大基部小，显得头重脚轻，上方对下方遮阴，使下部和侧面受光照时间短，接受光量少，枝叶生长不旺盛，稀稀拉拉，造成空秃和缺棵，失去绿篱的立体美感。

3）修剪时，顶面和侧面同时进行，不应只修顶面不修侧壁，这样会造成顶部枝条旺长，侧枝斜出生长。光照不足的部位，枝条干枯，内膛空虚，下部空秃现象严重时，失去防范和观赏作用。

2. 组字、图案式绿篱

1）为了美观和丰富园景，绿篱可采用组字或几何图案式的整形修剪，如矩形、梯形、倒梯形、篱面波浪形等。

2）用长方形整形方式，要求边缘棱角分明，界限清楚，篱带宽窄一致，每年修剪次数应比一般镶边、防范的绿篱多。枝条的替换、更新应时间短，不能出现空秃，以保持文字和图案的清晰可辨。

3）耐修剪易造型的桧柏、黄杨、榆、六月雪、水蜡树等树类，可修制成鸟兽、牌楼、亭阁立体造型，以点缀园景。为保持其形象逼真，不能让随意生长的枝条破坏造型，应每年多次修剪。

3. 绿篱修剪的要求

绿篱是公园、绿地组景的一部分，修剪时要求高度一致，整齐划一，篱面及四壁要求平整，棱角分明，适时修剪，保证节日时已抽出新枝叶，生长丰富。发现缺株，应及时补栽。

任务 3　修剪庭荫树或孤立树

1）庭荫树与孤立树木一般多用在开阔空地或草地内，为点缀风景和供游人休息之用，要求树木生长茂盛，枝叶紧密，冠如华盖。这类树木一般随其自然生长，除病虫枝、伤残枝外，较少人为修剪。

2）庭荫树的枝下高虽无固定要求，若依人在树下活动自由为限，以 2.0 ~ 3.0m 以上较为适宜；若树势强旺、树冠庞大，则以 3 ~ 4m 为好，可更好地发挥遮阴作用。

3）一般认为，以遮阴为目的的庭荫树，冠高比以 2/3 以上为宜。整形方式多采用自然形，培养健康、挺拔的树木姿态，在条件许可的情况下，每 1 ~ 2 年将过密枝、伤残枝、病枯枝及扰乱树形的枝条疏除一次，并对老、弱枝进行短截。需特殊整形的庭荫树可根据配置要求或环境条件进行修剪，以显现更佳的使用效果。

【问题探究】

什么是绿篱？

绿篱是萌芽力、成枝力强、耐修剪的树种，密集呈带状栽植而成，起防范、美化、组织交通和分隔功能区的作用。适宜作绿篱的植物很多，如女贞、大叶黄杨、小叶黄杨、桧柏、侧柏、冬青、野蔷薇等。机关、学校、工厂用绿篱沿其境地界栽植，以代替围墙或铁丝网，防范行人穿行，增加安全，既经济又美观。公园、绿地、花境、花坛常用绿篱镶边，阻止游人入内践踏，保护花木，做雕塑的背景起陪衬、烘托作用等。

【课余反思】

如何确定园林树木的修剪时期？

园林树木可在休眠期和生长期进行修剪，但更新修剪必须在休眠期进行。有严重伤流和易流胶的树种应避开生长季和落叶后伤流严重期。抗寒性差的、易抽条的树种宜于早春进行，常绿树的修剪应避开生长旺盛期。绿篱、色块、黄杨球等修剪必须在每年的 5 月上旬至8 月底以前进行。

【随堂练习】

1. 什么是绿篱？

2. 绿篱如何分类？

3. 适合作绿篱的树木有哪些种类？

项目5　片林、树木造型和藤本植物的修剪

【项目导入】

对片林修剪时，应保留林下的树木、藤条和野生花草，增加野趣和幽深感。步游道两侧生长极差的灌木和杂草应清除掉。

成功的树木造型是自然美与人工美的良好结合。不同树木种类的自然株形与观赏特性各异，造型的方式也不同。造型时还应考虑各种树木的生长发育规律：生长快速、再生力强的树种，整形修剪可稍重；而生长缓慢、再生力弱的种类修剪宜轻。一个完美的树木造型，需经多年以至数十年的努力才能完成，因此树木造型还必须有远近结合的全面设想。

藤本植物没有直立主干，依附其他物体生长，造型由支撑物体形状决定。

【学习任务】

1. 项目任务

本项目主要任务是完成片林、树木造型和藤本植物的整形修剪。学会常规的整形修剪方法，符合园林景观设计要求。

2. 任务完成内容

具体学习任务见图4-5。

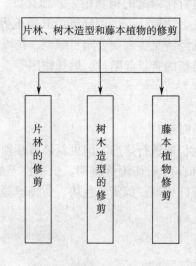

图4-5　片林、树木造型和藤本植物修剪任务

【操作要点】

主要的操作过程是完成图 4-5 中的各项任务。我们对各项任务进行逐个学习，最终完成片林、树木造型和藤本植物修剪任务整个项目，形成完整的园林产品。

任务1　修剪片林

1）有主轴的树种组成片林，修剪时注意保留顶梢。当顶梢受伤时，应扶立一侧枝代替主干延长生长，对下部侧枝适时修剪，逐步提高分枝点，林缘分枝点应低留，使林冠线低矮，整个片林显得丰满、有层次。

2）对于一些主干很短，但树已长大，不能再培养成独干的树木，也可以把分生的主枝当做主干培养，逐年提高分枝，呈多干式。

3）松树组成的片林，10a 生以内，每株留枝数为四轮一顶；10a 生以上，则五轮一顶，其余枝条疏剪。

4）常绿阔叶树林，保留郁闭度 60%；落叶阔叶树林，保留郁闭度 50%。

任务2　修剪造型树木

1. 树木造型的分类

根据造型树形状的不同，树木造型可分成 4 类：

（1）规则式　将树木修剪成球形、伞形、方形、螺旋体、圆锥体等规整的几何形体，多用于规则式园林，给人以整齐的感觉。这类造型适于枝叶茂密、萌芽力强、耐修剪或易于编扎的树木，如圆柏、红豆杉、黄杨、枳、五角枫、紫薇等。

（2）篱垣式　通过修剪或编扎等手段使列植的树木形成高矮、形状不同的篱垣。常见的绿篱、树墙均属此类。树篱在园林中常植于建筑、草坪、喷泉、雕塑等的周围，起分隔景区或背景的作用。这类造型一般适于枝叶茂密、耐修剪、生长偏慢的树种（见绿篱植物）。

（3）仿建筑、鸟兽式　即将树木外形修剪或绑缚、盘扎成亭、台、楼、阁等建筑形式或各种鸟兽姿态（见图 4-6）。这类造型适于规整式造型的树种。

（4）桩景式　桩景式是应用缩微手法，典型再现古木奇树神韵的园林艺术品，多用于露地园林重要景点或花台。大型树桩盆景即属此类。这类造型适于树干低矮、苍劲拙朴的树种，如银杏、罗汉松、金柑、石榴、梅、贴梗海棠等。

2. 树木造型措施

树木造型的技术措施主要有以下几种，可单用一种或综合应用多种措施。

（1）修剪　在树木造型中应用最多的是通过剪截树干与枝叶，增加修剪后树木的整体观赏效果。修剪时期的选择，落叶树木多在落叶后次春萌芽之前，常绿树则在春夏分两次进行。

（2）盘扎　根据造型需要，将枝条进行绑缚牵引使其弯曲改向的措施。在桩景式造型中常用，多在树木生长季节进行。

（3）编扎　根据造型需要，将一株、几株或数十株树木长在一起的枝条交互编扎而形成预想形状的措施。中国四川的花农常利用紫薇萌芽力强、枝条柔软、树皮薄易于编扎而且枝条相接触处很易愈合长成连理枝的特性，进行各种形式的紫薇造型，别具特色。编扎多在

图 4-6　鸟兽式造型

早春枝条萌芽前进行，编扎成型后，还需经常修剪、养护。

任务 3　修剪藤本植物

藤本植物的修剪有灯柱式、棚架式和附壁式等。

1. 灯柱式

用吸附类或缠绕类藤木，沿灯柱上升生长，要求整个灯柱从上到下全被枝叶覆盖。因此必须加强下部枝条的整修工作，加速枝条的更换，达到造型的目的。

2. 棚架式

1）利用缠绕式的藤木上升布架，造型随架型而变。

2）栽植初期摘心，培养成 2~3 个主蔓，使均匀分布在棚架上。

3）生长期内短剪，侧枝促发次级侧枝，如此重复，使迅速布满棚架。

4）休眠期适当疏除弱枝、过密枝、病虫枝等，以调节生长促进开花。

3. 附壁式

1）藤本植物多数离心生长很快，基部易光秃。

2）吸附类藤本定植时，重短剪，引蔓附壁后，生长季节对下部枝条应多次短剪，促发侧枝和扩大叶面、填补基部空缺处。

3）枝条应均匀分布，不要交错重叠。墙面布满后，除剪除病虫枝、枯枝外，一般不需修剪。

4. 凉廊式

凉廊式常用于卷须类及缠绕类植物，特殊凉廊可用吸附类植物。因凉廊有侧方格架，所以主蔓勿过早诱引至廊顶，否则容易形成侧面空虚。定植初期注意短剪，促发侧枝，侧方格满架后再引主蔓至廊顶。

5. 篱垣式

篱垣式多用于卷须类及缠绕类植物。将侧蔓进行水平诱引后，每年对侧枝施行短剪，形成整齐的篱垣形式。为适合于形成长而较低矮的篱垣，通常整为"水平篱垣式"；为适于形成距离短而较高的篱垣，通常整为"垂直篱垣式"。

6. 直立式

对于一些茎蔓粗壮的种类，如紫藤等，可以修剪整形成直立灌木式。此方式如用于公园道路旁或草坪上，可以收到良好的效果。

【问题探究】

园林树木生长特性与整形修剪有何关系？

1. 树木芽的特性与修剪

芽是树木发育过程中的一种临时性器官，枝、叶、花及营养苗的个体都是由芽发育而成的。不同的芽形成不同的器官，也就是说器官的性质由芽的性质决定，芽也是树木更新复壮的器官。

（1）芽的类别

1）按照芽的着生位置分。芽可分为顶芽、侧芽和不定芽。顶芽着生在枝条顶端，萌发能力比其他两种芽强，一般在形成的第二年萌发，侧芽只在枝条叶腋内，有 1～3 个，第二年不一定萌发。不定芽多在根茎处发生，如黄杨、棣棠等。

2）按照芽的性质分。芽可分为叶芽、花芽和混合芽。叶芽萌发成枝，花芽萌发开花，混合芽萌发后既生花序又生枝叶，如葡萄、海棠、丁香。花芽一般肥大而饱满，与叶芽较易区别。

3）按芽的萌发情况分。芽可分为活动芽和休眠芽。活动芽于形成的当年或第二年即可萌发。这类芽往往生长在枝条顶端或者是近顶端的几个腋芽。休眠芽第二年不萌发，以后可能萌发或一生处于休眠。休眠芽的寿命长短因树种而异，柿树、核桃、苹果、梨树等的休眠芽寿命较长。

（2）芽的异质性

1）概念。芽在形成的过程中，由于树体内营养物质和激素的分配差异及外界环境条件的不同，使同一个枝条上不同部位的芽，在质量上和发育程度上存在着差异，这种现象称为芽的异质性。

2）芽的异质性的表现。在生长发育正常的枝条上，一般基部及近基部的芽，春季抽枝发叶时，由于当时叶面积小，叶绿素含量低，光合强度与效率不高，碳素营养积累少，加之春季气温较低，芽的发育不健壮，瘦小。随着气温的升高，叶面积很快扩大，同化作用加强，树体营养水平提高，枝条中部的芽发育得较为充实。枝条顶部或近顶部的几个侧芽，是在树木枝条生长缓慢后，营养物质积累多的时期形成的，芽多充实饱满。故基部芽不如中部芽，如葡萄等。前期生长型的树木，春梢形成之后，由于气温或雨水充足等原因，常能形成秋梢。梢因生长时间短，秋末枝条组织难以成熟，枝上形成的芽，一般质量较差，在枝条顶部难形成饱满的顶芽。许多树木达一定年龄后，新梢顶端会自动枯死（板栗、柿、杏、柳、丁香等），有的顶芽则自动脱落（柑橘类）。因此，某些灌木、丛木中下部的芽反而比上部的好，萌生的枝势也强。

（3）芽在修剪中的作用　不定芽、休眠芽常用来更新复壮老树或老枝，如桃花、梅花的休眠芽可存活一定的年份，稍遇刺激或修剪、损伤等即可萌发，抽出粗壮直立的枝条。休眠芽长期休眠，发育上比一般芽年轻，用其萌发出的强壮旺盛的枝代替老树，便可达到更新复壮的目的。侧芽用来控制或促进枝条的长势。

芽的质量直接影响着芽的萌发和萌发后新梢生长的强弱，修剪中利用芽的异质性来调节枝条的长势、平衡树木的生长和促进花芽的形成萌发。生产中为了使骨干枝的延长枝发出强壮的枝头，常在新梢的中上部饱满芽处进行剪截。对生长过强的个别枝条，为限制旺长，在弱芽处下剪，抽生弱枝缓和枝势。为平衡树势，扶持弱枝常利用饱满芽当头，能抽生壮枝，使枝条由弱转强。总之，在修剪中合理地利用芽的异质性，才能充分发挥修剪的应有作用。

2. 园林树木枝条生长习性与修剪

（1）萌芽力与成枝力

1）萌芽力。一年生枝条上，芽萌发的能力属萌发力。芽萌发得多，则萌芽力强，反之则弱。萌芽力用萌芽率表示，即枝上芽的萌发数量占该枝总芽数的百分比。

2）成枝力。一年生枝上芽萌发抽生成长枝的能力，称为成枝力。抽生长枝多的，则成枝力强，生产上成枝力一般以抽生长枝的具体数来表示。

萌芽力与成枝力的强弱，因树种、树龄、树势而不同。萌芽力与成枝力都强的树种有葡萄、新疆核桃、紫薇、桃、栀子花、月季、黄杨等。梨的萌芽力强而成枝力弱。有些树种萌芽力、成枝力均弱，如梧桐、桂花等。有些树种的萌芽力与成枝力因树龄而增强或转弱，如美国皂荚。一般萌芽力和成枝力都强的树种枝条多，树冠容易形成，较易于修剪和耐修剪，在灌木类修剪后易形成花芽开花，但树冠内膛过密影响通风透光，修剪时宜多疏少截。对萌芽力与成枝力弱的树种，树冠多稀疏，应注意少疏，适当短截，促其发枝。

（2）树木分枝习性与冠形　树木的枝条按其长度可分为长枝和短枝。有的树种长短枝明显，如银杏、海棠、桃、雪松等，长枝一般生长速度快，节间长；短枝生长缓慢，节间短，很多树木在短枝上开花结果。长枝在树冠组成中占绝对优势；由于它们的分布规律与分枝形式不同而形成多种多样的冠形。

1）单轴式分枝（总状分枝）。有些树木和草本植物，顶芽健壮饱满，能不断地向上生长延长，形成主干，侧芽萌发形成侧枝，侧枝上的顶芽及侧芽以同样的方式进行分枝，形成次级侧枝，这种分枝形式能形成明显的主干，以及圆锥形、椭圆形、塔形的树冠，称为单轴分枝，如雪松、水杉、松柏类、银杏、杨树、榉树等。这种分枝方式以裸子植物为最多。

2）合轴式分枝。有些树木顶芽发育至一定时期死亡或生长缓慢或分化成花芽，由位于顶芽下方的侧芽萌发成强壮的延长枝连接在主轴上，以后侧芽又自剪，由它下方的侧芽代之。因此形成了弯曲的主轴，这种分枝方式称为合轴分枝，如碧桃、杏、李、月季、榆、核桃等。合轴式分枝形成开张式的树冠，通风透光性好，花芽、腋芽发育良好，以被子植物为最多。

3）假二叉分枝。这是合轴分枝的另一种形式，在一部分叶序对生的植物中存在。顶芽停止生长或形成花芽后，顶芽下方的一对侧芽同时萌发，形成外形相同的两个侧枝，以后如此继续，其外形与低等植物的二叉分枝相似，称为假二叉分枝，形成的树冠开张，如丁香、石竹、梓树、泡桐等。

4）其他方式。树木的分枝方式，不是固定不变的，往往随树龄变化，如玉兰等：在幼年时呈总状分枝，以后渐变为合轴分枝（或假二叉分枝），因而在同一株树上可见到两种分枝方式存在。

树木分枝习性决定了树冠形式。在整形修剪工作中，根据树木的分枝状态，来决定选择自然整形式的观赏树形和修剪方式；同时还在促花保果及观赏树木的搭配上有重要的作用。

1. 如何理解顶端优势？

（1）概念　同一枝条上顶芽或位置高的芽抽生的枝条生长势最强，向下生长势递减的现象称为顶端优势，这是枝条背地生长的极性表现，也是由于树体内营养物质及水分优先分配给顶部芽，引起顶端部分芽生长旺盛的表现。同时顶部芽分生组织又形成较多的内源激素向下输送，抑制了下部芽的萌发与生长，但由于下部侧芽又从根部获得的激素较少，从而造成的顶端优势的强度与枝条的分枝角度有关。枝条越直立，顶端优势表现越强；枝条越下垂，顶端优势越弱。

（2）顶端优势在修剪中的应用　修剪时经常将枝条顶部剪去，解除顶端优势，促使侧芽萌发或对旺枝加大角度，抬高弱枝，减少夹角，能达到抑强扶弱的作用和调节枝势的目的，使观花植物先端生长转弱，促使向生殖生长方面转化。如月季、白玉兰、紫薇，花后在饱满芽处剪去枝梢，可促发新梢，继续开花。

合轴分枝及假二叉分枝的植物，自然去顶（自剪），促使侧芽生长，使树冠内膛光照好，利于开花结果。故这两种分枝比单轴分枝，在进化程度上先进，能自我调节。

2. 什么叫干性与层性？

（1）干性　树干分枝点以下，直立生长的部分称为中心主干，主干的强弱因树种不同而异。中心主干强弱程度和持续时间的长短称为干性。顶端优势明显的树种，能形成高大、通直的主干，如雪松、水杉、杨树、银杏、山核桃、刺槐等，称为主干性强的树种。而桃、柑橘、丁香、石榴等，有的虽具中心主干，然而很短小，这类树种干性弱。

（2）层性　由于顶端优势和芽的异质性，使一年生枝条的成枝力自上而下减少（年年如此），导致主枝在中心主干上的分布或二级侧枝在主枝上的分布形成明显的层次，称为层性。层性因树种和树龄而不同。一般顶端优势强，成枝力弱的树种层性明显，如柿、梨、油松、马尾松、雪松等；而成枝力强，顶端优势弱的树种，层性不明显，如桃、柑橘、丁香、垂丝海棠等，层性往往随树龄而变化。一般幼树较成年树层性明显，但苹果则随树龄增大，弱枝死亡，层性逐渐明显起来。

（3）干性与层性的指导意义　研究树木的干性和层性，对园林树木的冠形形成、演变和整形修剪有重要的意义。一般干性和层性明显的树种多生长高大，适合整成有中心主干的分层树形；而干性弱，层性不明显的树种，生长较矮小，树冠披散，多适合修剪成自然开心形的树冠。

总之，树木的枝芽生长习性是园林树木进行整形修剪时的理论依据。修剪的形式、方法、强弱、因树种而异，应顺其自然、合乎自然，才能取得整形修剪的成功。人工造型时，虽依修剪者的主观意愿，将树冠造型成特定的形式，然而树木的萌芽力、成枝力、耐修剪能力都是影响造型成败的主要因素。因此，必须选择萌芽力、成枝力强的树种才能奏效。

3. 什么是郁闭度？

郁闭度是指森林中乔木树冠遮蔽地面的程度，它是反映林分密度的指标。它是以林地树冠垂直投影面积与林地面积之比，以十分数表示，完全覆盖地面为1。简单地说，郁闭度就是指林冠覆盖面积与地表面积的比例。

根据联合国粮农组织规定，0.70（含0.70）以上的郁闭林为密林，0.20~0.69为中度郁闭，0.70以上为密郁闭，0.20（不含0.20）以下为疏林。

在一般情况下常采用一种简单易行的样点测定法，即在林分调查中，机械设置 100 个样点，在各样点位置上抬头垂直昂视的方法，判断该样点是否被树冠覆盖，统计被覆盖的样点数，利用下面公式计算林分的郁闭度：

郁闭度＝被树冠覆盖的样点数／样点总数

【随堂练习】

1. 树木造型分为几类？造型的措施有哪些？
2. 藤本植物的修剪有几种形式？

项目 6 特殊灌木或小乔木的修剪

学习目标

学会观叶灌木、观果灌木、观枝类、观形类等一些特殊植物的修剪方法。

【项目导入】

其他灌木（或小乔木）的修剪主要包括一些特殊观赏种类植物的修剪，如观叶灌木、观果灌木、观枝类、观形类等植物。

【学习任务】

1. 项目任务

本项目主要任务是完成特殊灌木或小乔木的修剪。要求整形修剪方法正确，符合景观设计要求。

2. 任务内容

具体学习任务见图 4-7。

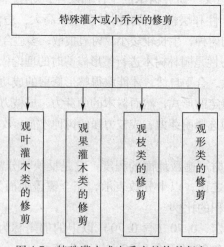

图 4-7 特殊灌木或小乔木的修剪任务

【操作要点】

主要的操作过程是完成图4-7中的各项任务。我们对各项任务进行逐个学习，最终完成特殊灌木或小乔木的修剪整个项目，形成符合景观要求的产品。

任务1 修剪观叶灌木类

观叶灌木，以叶取胜，树冠必须紧凑、枝叶浓密，叶色新绿或浓绿。

1. 大叶黄杨球（又名冬青卫矛）

萌芽力与成枝力均强，耐修剪，每年应修剪2～3次，使不断抽发新枝填补树冠。一般于"五一"或"十一"时将枝梢剪去。修剪强度不宜过大，保证萌发的侧枝及叶量将球体表面盖住，不露出内膛老枝。修剪时要维持原球形状，整个球面上修枝应均匀，不能造成球体变形。作乔木状或灌木栽植的黄杨，仅修去过密枝、枯病枝等。

2. 海桐球

在江南庭院中海桐多以球形为主，为了维持观赏效果，生长期内每年修剪2～3次，但每年2～3次的修剪对海桐本身的生长会有不良影响，使发枝量减少，故每隔数年再进行一次内膛抽稀（疏剪），使老枝条更新复壮，保持球体紧密不产生空秃现象。

自然式冠形的海桐，除修去病枯枝外，一般不进行修剪。

3. 石榴

街道绿带及庭园内常种石榴丛，树冠也整成球形，花叶兼美，萌发力、成枝力强，每年修剪2～3次。在雨水充沛季节，易徒长破坏株形，注意及时修饰。通过修剪可防止大小年现象出现和结果部位的上升。

4. 南天竺

南天竺在江南园林中多栽植，叶果兼美，春夏叶碧如玉，金秋红果累累，枝叶扶疏，观赏期长。南天竺根蘖性很强，但枝干生长高大则不结果或少结果，如欲多结果，在秋末将高干齐基部剪去，翌春根茎重新萌发新枝，降低高度，结实增多。对病虫枝、密生枝、弱枝应及时疏剪，使树冠通风透光，增加花果量。

5. 彩色观叶树种

以自然整形为主，一般只进行常规修剪，部分树种可结合造型（如红叶石楠）需要修剪。红枫，夏季叶易枯焦，景观效果大为下降，可进行集中摘叶措施，逼发新叶，再度红艳动人。

任务2 修剪观果灌木类

观果灌木类的修剪时间、方法与早春开花的种类基本相同，生长季中要注意疏除过密枝，以利通风透光、减少病虫害、增强果实着色力、提高观赏效果；在夏季，多采用环剥、缚缢或疏花疏果等技术措施，以增加挂果数量和单果重量。

任务3 修剪观枝类树木

为延长冬季观赏期，观枝类修剪多在早春萌芽前进行。对于嫩枝鲜艳、观赏价值高的种类，需每年重短截以促发新枝，适时疏除老干促进树冠更新。

任务4 修剪观形类树木

观形类的修剪方式因树种而异。对垂枝桃、垂枝梅、龙爪槐短截时，剪口留拱枝背上芽，以诱发壮枝，弯穹有力。而对合欢树，成形后只进行常规疏剪，通常不再进行短截修剪。

【问题探究】

1. 名词概念

1）落叶树从落叶开始至春季萌发前修剪称为休眠期修剪或冬季修剪。

2）在生长期内进行的修剪称为生长期修剪或夏季修剪。

3）截，又称短截，即把一年生枝条的一部分剪去，其主要目的是刺激侧芽萌发，抽发新梢，增加枝条数量，多发叶多开花。

4）回缩又称缩剪，将多年生枝条剪去一部分。

5）疏，又称疏剪或疏间，就是把枝条从分枝点基部剪去。

6）抹芽和除蘖：芽萌发后把芽除去称为抹芽。把干基或干上位置不当处的芽发育成的枝条剪去称为除蘖或去蘖。抹芽与除蘖可减少树木的生长点数量，减少养料的消耗，改善光照与水肥条件。

7）伤，用各种方法破伤枝条，以达到缓和树势、削弱受伤枝条的生长势为目的，如环割、刻伤、扭梢等。

8）变，改变枝条的生长方向，缓和枝条生长势的方法称为变，如曲枝、拉枝、抬枝等，其目的是改变枝条的生长方向和角度，使顶端优势转位、加强或削弱。

9）短剪枝条或剪后在枝条上造成的伤口称为剪口；距离剪口最近的顶部芽称为剪口芽。

10）绿篱是萌芽力、成枝力强和耐修剪的树种，密集带状栽植而成，起防范、美化、组织交通和分隔功能区的作用。机关、学校、工厂用绿篱沿其境地界栽植，以代替围墙或铁丝网，防范行人穿行，增加安全，既经济又美观。公园，绿地、花境、花坛常用绿篱镶边，阻止游人入内践踏，保护花木，做雕塑的背景起陪衬、烘托作用等。

2. 园林树木修剪时的注意事项有哪些?

1）注意安全。

①修剪时使用的工具应当锋利，上树机械或折梯，使用前应检查各个部件是否灵活，有无松动，有松动处必须加木楔使之牢固，防止发生事故。单面梯应用绳将梯顶横档和树身捆住；人字梯的中腰应拴绳并注意开张角度要合适。

②上树操作，必须系好安全带、安全绳，穿胶底鞋，手据一定要拴绳套在手腕上，以保安全。

③作业时严禁嬉笑打闹玩耍；要思想集中，以免错剪；刮五级以上大风时，不宜上高大树木上修剪。

④在高压线附近作业时，应特别注意安全，避免触电，必要时应请供电部门配合。

⑤在行道树修剪时，必须专人维护现场，树上树下要互相联系配合，以防锯落大枝砸伤过往行人和车辆。

2）疏剪时不留残桩，从枝条基部向下剪，剪口不要太大。疏剪多年生枝条时，右手拿修枝剪，左手将枝条轻轻向剪口侧方推，枝条迎刃而断，比较省力。

3）抹芽除蘖时，不要撕裂树皮，以免影响树木生长。

4）上树修剪时，应穿不带钉的皮鞋或软底鞋，避免踏伤树皮引起腐烂或发生事故。

5）修剪病枝的工具，用后应将修枝剪用1%的新洁尔灭消毒后，再修剪其他枝条，以防感染，并将病虫枝收集烧毁。

【课余反思】

整形修剪对树木生长的影响有哪些？

树木在自然生长的情况下，各部分常处于相对的平衡状态。修剪后，这种平衡被打破，引起树木地上部分和根系、整体和局部之间的生长关系发生变化。这些变化是修剪时对树体内的营养物质分配、激素的多少、枝条长势和整个树体的生长状况的影响造成的。

1. 修剪对地上部分的影响

修剪的对象，主要是各种枝条，其影响范围并不限于被修剪枝条的本身，还对树木的整体生长有一定的作用。从整株树木来看，既有促进，也有抑制现象。

（1）局部促进作用　一个枝条被剪去一部分后，可以使被剪枝条的生长势增强，这是由于修剪后减少了枝芽数量，改变了原有营养和水分的分配关系，使养料集中供给留下的枝芽生长。同时修剪改善了树冠的光照与通风条件，提高了叶片的光合作用效能，使局部枝芽的营养水平有所提高，从而加强了局部的生长势。促进作用的强弱，与树龄、树势、修剪程度及剪口芽的质量有关。树龄越小，修剪的局部促进作用越大。同样树势下，重剪较轻剪促进作用明显。在剪口芽质量较好的情况下，短截促进作用最为明显，一般剪口下第一个芽最旺，第二、第三个芽长势递减。疏剪只对剪口下的枝条有增强长势的作用。

（2）抑制作用　修剪对树木的整体生长有抑制作用，在于修剪后减少了部分枝条，树冠相对缩小，叶量及叶面积减少，光合作用制造的碳水化合物量少。同时修剪造成了伤口，愈合时也要消耗一定的营养物质。所以修剪使树体总的营养水平下降，树木总生长量减少。抑制作用的大小与修剪轻重及树龄有关。树龄大、修剪轻、树势旺，则抑制作用小，反之则大。修剪的抑制作用在第一年表现最为明显，随后逐渐减弱。

2. 修剪对根系的影响

树木地上部分与根系生长之间是相互依赖、协调进行的。根系从土壤中吸收营养元素与水分，由木质部向树冠输导，供叶片进行光合作用与蒸腾作用。光合作用制造的碳水化合物，经韧皮部由上向下输送到根部，进行积累与合成，制造成复杂的氨基酸、蛋白质等营养物质，再供树木各部分生长发育需要。地上部分枝芽修剪后，树木生长受到抑制，光合产物减少。根部合成的有机物量也相应减少，整个树体营养水平降低，根系也不例外。另一方面，地上部分枝条修剪过重时，营养物质的分配中心转向枝叶，保证生长中心的进行，供给根系的营养物质相对减少；修剪加强了单枝的生长势，延长了生长时间，秋末不能及时结束生长，而早春、秋末恰是根系生长时期，树木生长中心不能及时转移到以根系生长为主时，缩短了根系的生长期。所有这些都共同削弱了根系的生长，降低了生长量。根系与地上部分存在着相关性，反过来又影响地上部分生长。实践结果也说明了幼树栽植后采用轻剪，栽植成活率高，根系恢复快，生长良好，一般新根开始生长可提早 5～7d。

3. 修剪对开化结果的影响

观花树木修剪的目的之一，是调节枝条的营养生长，促进花芽的形成，增加开花与结果的数量。生长与开花结果是相互矛盾又是相互依存的，生长是开花结果的基础，只有足够的枝叶才能制造出足够的营养物质，花芽才能顺利形成。如果生长过旺，消耗大，积累少，就会营养物质不足而影响到花芽的形成。但如开花结果过多，营养物质消耗过多，生长受到抑制，此时如不及时补充营养，将会引起树体早衰。因此必须在综合管理基础上，通过合理地修剪调节生长与生殖、衰老与更新的矛盾。

修剪后，虽然叶的总面积和光合产物减少，但因此也减少了生长点和树内营养物质的消耗，相对地提高了保留下来枝芽中的营养水平，使被剪的枝条生长势加强，新叶面积、叶绿素含量增加，叶片质量提高。在树冠内光照条件改善的情况下，光合效能加强，营养物质的积累增多，利于花芽的分化和结果。修剪对花芽分化影响的大小，取决于修剪程度。

4. 修剪对树体内营养物质含量的影响

修剪后，枝条生长强度改变，是树体内营养物质含量变化的一种形态上的表现。树木修剪后，剪留枝条及其抽生的新梢中的含氮量和含水量增加，碳水化合物含量减少。变化随修剪程度波动，重剪则变化大。

从全部枝条看，氮、磷、钾含量也因修剪后根系生长受抑制，随吸收能力削弱而减少，所以修剪越重对树体生长的削弱作用越大。为了减少修剪造成的养分的损失，应尽量在树体内含养分量少的时期进行修剪。一般冬季修剪应在秋季落叶后，养分回流到根部和枝干贮藏时，或者在春季萌芽前，树液尚未上升时进行为宜。

夏季修剪同样对树木枝条内的营养物质变化产生影响，如葡萄夏季摘心 2d 后，新梢内碳水化合物和含氮量均有增加，第五天达最高峰；桃树摘心后，用 P_{32} 标记，表明摘心枝内磷的含量增加。

修剪后，树体内的激素分布、活性也有改变，激素产生在植物顶端幼嫩组织中，由上向下运输。短剪除去了枝条的顶端，排除了激素对侧芽的抑制作用，提高了下部芽的萌芽力和发枝力。据报道，激素向下运输，在光照条件下比黑暗时活跃。修剪改善了树冠的光照条件，促进了激素的极性的运转能力，一定程度上改变了激素的分布，活性增强。

【随堂练习】

1. 修剪时应该注意哪些问题？
2. 观景类灌木的修剪时间如何确定？

项 目 考 核

项目考核 4-1　整形修剪方法

班级		姓名		小组		得分	
修剪器具							
实训目的							

考核内容

1. 园林树木整形修剪工具保养方法

2. 园林树木修剪的程序和顺序

3. 园林树木常规修剪方法

4. 园林树木常规修剪方法的运用
（1）截
（2）疏
（3）伤
（4）变

训练小结	

项目考核 4-2　修剪剪口的操作

班级		姓名		学号		得分	
实训器具							
实训目的							

考核内容

1. 剪口芽的选择要点

2. 操作剪口的处理方法

3. 剪口保护剂的配制

训练小结	

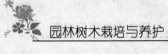

项目考核 4-3　行道树的修剪

班级		姓名		学号		得分	
实训器具							
实训目的							

考核内容

1. 杯状形行道树的修剪步骤（如法桐）

2. 开心形行道树的修剪步骤（如国槐）

3. 自然式冠形行道树的修剪步骤
（1）有中央领导干（如雪松）
（2）无中央领导干（如榆树）

训练 小结	

项目考核 4-4　观花树木的修剪

班级		姓名		学号		得分	
实训器具							
实训目的							

考核内容

1. 春花植物的修剪要点（如桃花）

2. 夏秋季开花灌木的修剪要点（如木槿）

3. 冬季开花灌木的修剪要点（如蜡梅）

4. 一年多次开花灌木的修剪要点（如紫薇）

训练 小结	

项目考核 4-5　绿篱的修剪

班级		姓名		学号		得分	
实训器具							
实训目的							

考核内容

1. 绿篱自然式修剪要点

2. 绿篱整形式修剪

（1）中篱和矮篱的修剪要点

（2）规则式和图案式绿篱的修剪要点

训练 小结	

项目考核 4-6　特殊灌木或小乔木的修剪

班级		姓名		学号		得分	
实训器具							
实训目的							

考核内容

1. 观叶灌木修剪要点（如黄杨）

2. 观果灌木修剪要点

3. 观枝类树木修剪要点

4. 观形类树木修剪要点

训练 小结	

考证链接

1. 相关知识

（1）整形修剪作用

（2）整形修剪的原则及方式

（3）整形修剪时期确定

（4）整形修剪的方法

2. 相关技能

（1）整形修剪的剪口和剪口芽的处理

（2）整形修剪不同方法的操作

（3）行道树的整形修剪

（4）观花树木的修剪

（5）绿篱的修剪

（6）特殊树木的修剪

单元5 草坪的建植与养护

草坪作为现代文明的象征而被广泛应用于园林绿化，在许多发达国家，人均拥有草坪面积已经作为生态和环境建设的主要指标，可见草坪的重要地位和作用已被人们逐渐认识。

我国地域辽阔，自然条件复杂，草坪草的生长环境多样，草坪草种类繁多，建植方法和养护管理技术各有不同，"适地适草、合理建植、科学管理"是草坪建植与养护的总原则。

科学的养护措施是草坪景观效果的保证。草坪建植完成后，要达到预期的效果，就必须采用科学的养护技术。不同种类、不同的建植方式，采用的养护方法也有所不同。因此，草坪如何进行建植、怎样进行养护，是园林绿化工作者应该重视的问题。

项目1 草坪的建植

学习目标
1. 学会草坪种子的播种方法和草坪的营养建植方法。
2. 能够进行无土草坪的生产和草坪栽植建坪的方法。

【项目导入】

草坪是一种特殊的草地，是密植的多年生矮生草经过修剪、碾压及其他管理技术而形成的平整草地。随着人类生活水平和生活质量的不断提高，人们对居住的环境条件也提出了更高的要求，环境绿化得到现代人的广泛关注。草坪作为现代环境绿化的重要组成部分，其作用日益得到人们的重视。由于草坪草的种类繁多，生物学特性差别很大，人们对草坪的要求千差万别，因此对于不同种类、不同功能要求的草坪，应该采用不同的建植方式，才能达到预定的目标要求。

选择合适的草种是草坪建植的关键，不同的草坪草生态特性不同，对于冷季型草坪草，目前使用的多为禾本科草坪草，分蘖能力较强，抗寒能力较强，耐高温能力较差；对于暖季型草坪草，适于温暖湿润或温暖半干旱气候，一般抗践踏能力较强，恢复力强，抗寒性差。

即使同为冷季型草坪或暖季型草坪，由于植物种类或品种不同，其生长特性也有差异。

采用合理的建植方法是发挥草坪功用的基础，不同的草坪草繁殖方式可能不同，有的用种子繁殖，有的用营养体繁殖，也有的两种方式都能繁殖。在不同季节、不同地区，采用不同的建植方式，其结果可能有较大的差异。

【学习任务】

1. 项目任务

本项目主要任务是能够对给定的地段运用不同的草坪建植方法，进行草坪的建植，并在规定时间内达到一定的景观要求。

2. 任务流程

具体学习任务流程见图5-1。

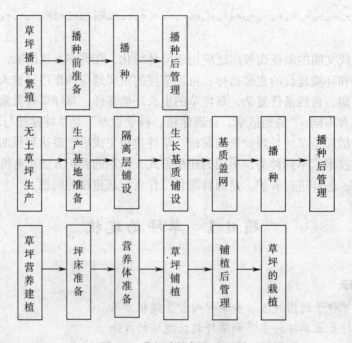

图5-1 草坪建植任务流程图

【操作要点】

主要的操作过程是完成上面任务流程图中的各项任务。通过对各项任务进行逐个学习，最终完成整个项目，形成符合景观要求的产品。

任务1 掌握草坪的播种建植法

播种建植法简便易行，成本较低，是目前草坪建植的主要方法，特别适用于种子繁殖的冷季型草坪。

1. 播种前准备

（1）工具准备 草坪播种前要准备好播种的工具，包括整地工具、播种工具、浇水工具、碾压工具以及种子处理的药品、器具等。

（2）草坪种子准备

1）品种选择。选择适宜当地气候和土壤条件的草坪草种是成功建坪的重要前提。草坪草种的选择视草坪的用途、当地的气候、管理水平、建设单位的要求等因素确定。首先，要选择适宜当地土壤气候条件的草种；其次，选择草坪草的颜色、质地等；再次，要依据不同的管理条件选择适宜的品种或品种组合，可以选择单一草种，也可以选择混合草种。混合播种是目前建植草坪所普遍采用的方式，草坪草种混配的依据是草坪的用途，以及草坪的外观、质地等。不同地区、同一地区不同用途的草坪混配选择及比例有所不同，管理条件的优劣也会对草种的混合比例有一定的影响。

一般观赏性草坪应选择质地细腻、生长低矮致密、绿期长的优质草坪草品种；运动场则应选择耐践踏、耐修剪、再生能力强的草种；用于水土保持的草坪，如护坡、护堤、公路两旁应选择耐粗放管理、根系发达、耐旱、抗病性强的草种。

2）草坪的用种量。草坪用种量取决于草坪的建植面积、草种千粒重、发芽率、草坪的生长蔓延速度和要求达到的密度等。主要草坪植物参考播种量见表5-1。

表 5-1 主要草坪植物参考播种量 　　　　　　　　　　　（单位：g/m²）

草坪植物名称	播 种 量		草坪植物名称	播 种 量	
	正常	密度加大		正常	密度加大
小糠草	4~6	8	苇状羊茅	25~35	40
匍匐剪股颖	3~5	7	高株羊茅	25~35	40
细弱剪股颖	3~5	7	羊茅	14~17	20
草地早熟禾	6~8	10	白三叶草	8~12	15
普通早熟禾	6~8	10	多年生黑麦草	25~35	40
紫羊茅	14~17	20	多花黑麦草	25~35	40
野牛草	20~25	30	冰草	15~17	25
狗牙根	6~7	9	假俭草	16~18	25
结缕草	8~12	20	猫尾草	6~8	10
匍匐紫羊茅	14~17	20	地毯草	6~10	12

3）种子处理。处理方法包括晒种、浸种等。对于混播草种，如果是同一草种不同品种混播或不同的草坪种子混播，种子间差异不大时，可将种子按比例混合后统一处理（如高羊茅、多年生黑麦草混播；高羊茅的猎狗5号、黄金岛、自豪等品种混播）；不同种类的草种混合，种子间差异较大时，可将种子分别进行处理（如草地早熟禾、高羊茅混播等）。草坪晒种的时间因草种种类、草种含水量的不同而有差别，在天气晴朗的夏天，一般晒种4~5h；在草坪种子含水量较大时，可适当延长晒种时间。草坪种子在播种前，可适当浸种，浸种时间与草种的种类、浸种水温等因素有关。对于高羊茅草种，15~25℃时清水浸种8~12h，温度高时可适当减少浸种时间；如果用药剂浸种，应该根据药剂的使用说明进行药液的配制和浸种。

（3）坪床的准备

1）坪床的初步平整。一般情况下，草坪生长对坪床土壤的平整度要求比较低，如果地势低凹，或由于建筑开挖等原因，或按建设单位要求，需要填土或堆成土丘时，必须对坪床进行填土或堆高。一般要求所填的土壤是耕作层土壤。如果填埋或堆高的是建筑垃圾或其他杂物时，表面应该至少有30cm的土壤层，才能保证草坪生长的要求。填土后应该浇水使土壤自然沉降，或用其他机械压实土层，以保证草坪坪面的相对平整。

2）垃圾清理及杂草处理。对于小区建植草坪，一般会有一些建筑垃圾及杂草。在草坪建植前，应将建筑垃圾等杂物进行清理，对杂草进行清除。杂草清除可以采用人工清除的方法，也可以用化学除草的方法，但是在应用化学除草的方法时，应在杂草萌芽前使用芽前除草剂；杂草萌芽后草种播种前使用灭绝型除草剂；草种播种后采用选择性除草剂。如果是退化草坪进行重建，则应该将原坪床上所有的草坪草及杂草清除干净，可用灭生性除草剂清除。

3）施肥与精细平整。如果将建草坪的地段土壤肥力较高，则可不施肥料；如果土壤肥力较低，则要进行适当的施肥。肥料的施用量视土壤肥力水平确定，一般以无机肥为主，施用量以30~40g/m²为宜。如果施用有机肥（农家肥），则要求肥料要腐熟，无杂草种子，施用量视具体情况确定。土地的平整按照事先的设计进行，一般草坪的面积不大时，可以选用平面类型，如果草坪的面积较大，可设坡度为0.3%~0.5%。对于运动场，建植草坪时要充分考虑到场地的排水，如果没有暗沟排水系统，则应该将坪床建成"鱼脊"形，坡度可为2‰~5‰。在表面土块较大时，必须将表层土的土块打碎以保证草坪种子的出苗质量。

2. 播种

（1）时间选择　由于不同类型的草坪草种适宜的生长温度有所不同，因而在建植时间的选择上也有所区别。冷季型草坪草种适宜的生长温度为15~25℃，因此草坪的建植时间一般选择在早春和秋季。春播草坪浇水压力大，易受杂草危害，相比而言，秋季建植为最佳时间。暖季型草坪种植适宜生长温度为25~35℃，草坪的建植以初夏为主。一般选择在无风或微风的天气条件下进行，晴天、阴天都可以，但以雨后的晴天为宜。

（2）播种方式　播种可以采用人工播种或机械播种，多采用交叉播种（如"井"字形播种，见图5-2）的方式进行。草坪面积较小时，宜采用人工播种的方式。单播草种或品种间混播草种，称量好种子，拌三倍细沙，分两次均匀撒于土表。种子间差异较大的草种种子分别拌细沙进行播种。在草坪面积较大时，可以用手推式或手摇式播种器进行播种，也可以人工分区播种。

3. 播种后的处理

播种后适当覆土有利于种子发芽，覆土厚度应小于0.5cm。采用草坪专用覆土耙覆土，用耙子将坪床土壤的表面轻耙一遍即可。在天气比较干燥时，可以在播种前将草坪土壤浇水，也可以在播种后用碾子将草坪表面轻压，以保证草坪草出苗的水分需求。草坪播种后，也可加盖地膜以促进发芽，但在草坪出苗后必须及时将地膜揭开，防止高温烫苗。

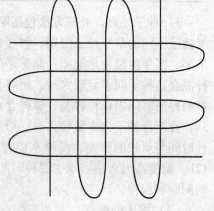

图5-2　"井"字形播种

任务 2　学习无土草坪的生产

1. 生产基地准备

（1）无土草坪的生产基地建设　基地建设的内容包括生产场地、水源、电力系统、喷灌系统、控制系统等；而生产场所准备的基本内容，包括场址的选择与平整、排水管道的设置与安装、控制系统的安装、喷灌系统的安装与调试等。

（2）场地的安排　生产场址选择上，以靠近城区、交通便利、无工业污染、具有可扩展的备用场所和基质存放场所为宜。无土草坪的生产场地面积大小与生产规模及当地的自然条件、经济条件有关。在一般情况下，草坪生产场地的面积不少于 10000 m^2。

草坪生产采用分畦生产的方式，畦面宽 2～3m，整理成鱼脊形，长度不定，以 50～80m 为宜，畦间设置排水沟。

（3）供水管的设置　供水管根据草坪生产的规模与动力系统的功率大小确定。在一般情况下，要设立专门的供水池及两套供水泵，防止其中一套损坏影响草坪供水。管道材料选择和管径大小，应该经过计算后确定。

（4）控制系统的安装　控制系统包括电力控制系统和喷灌控制系统两个系统。电力控制系统主要控制电动机的起止；喷灌控制系统主要是对草坪喷灌区域的控制。喷灌系统主要由供水管、控制阀、喷头三部分组成。供水管的管间距离与水泵的功率、输水管的长度、喷头的出水量等有关。喷头的选择一般采用直立旋转式喷头；喷头的间距设置与喷头的喷水半径大小有关；水泵、供水管与喷头的设置要求能在微风条件下，将草坪生产区域完全覆盖，且重叠部分很少。在各种设备安装好后应该进行整体调试，防止管道漏水或喷水不均匀。各项设备调试完成后可以投入无土草坪的生产。

2. 隔离层的铺设

无土草坪的生产要求草坪的生长不与地面接触，因此在草坪生产过程中，要尽量避免草坪与土壤的接触。因而在草坪生产时，要在土壤之上铺设隔离层。一般使用塑料薄膜进行隔离，厚度为 1.5mm 左右。在薄膜的铺设过程中，应该注意：

1）要选择无风或微风的天气；

2）在铺薄膜的同时，要用重物将边缘压住；

3）相邻薄膜应重叠宽度 10～15cm；

4）工作人员在薄膜上作业时，不要将薄膜弄皱或弄破。

3. 生长基质的铺设

无土草坪的生产一般采用稻壳作为生长基质，要求所用的稻壳无病虫害，无杂草种子。为了使草坪尽快成毯，可在铺设基质前先铺一层容易降解的多孔网或无纺布。在铺设时应该注意：

1）选择无风或微风的天气；

2）在基质铺设前可先利用喷灌系统将隔离层表面喷湿，在基质铺设基本完成后，再打开喷灌系统将基质完全喷湿；

3）基质要铺满整个草坪生产面，铺设要均匀，厚度为 1～1.5cm。

4. 基质盖网

草坪基质铺设后要盖上一层盖网，防止水将基质冲散或风将基质吹散。注意：

1）盖网应该将所有的基质盖住，并将盖网固定；

2）在播种前要对基质再次进行检查，保证基质的均匀性。

5. 播种

无土草坪的生产一般选用冷季型草如高羊茅草种，在生产过程中应该注意品种的选择和草种用量的选择。

（1）草种选择　在草种品种选择上，要选用抗病力强、抗高温的品种（如猎狗5号、自豪、黄金岛等）。

（2）用种量的确定　草坪用种量主要由草坪的生产季节、计划草坪成坪的时间、草坪草种的发芽率等决定。在一般情况下，草坪的计划成坪时间越短，草坪的用种量越多。常用的草坪用种量为 $40 \sim 45 g/m^2$。

（3）草种的处理　计算好草坪的用种量，在播种前先将草种晾晒（以促进种子发芽），然后将种子用清水浸种或药剂浸种。种子的浸种时间长短主要由浸种的水温确定，在温度较高时，浸种 $24 \sim 36h$，温度较低时，浸种 $36 \sim 48h$；在白天将种子浸泡，夜晚将种子捞出（日浸夜露）。播种前需将草种略微晾干，以利播种。要求手握种子不成团，放开后种子和种子不沾在一起为宜，也可将略微晾干的种子与杀菌剂拌在一起并闷堆 $2 \sim 3h$。

（4）播种　播种要在微风或无风条件下进行，且播种要均匀（一般用人工播种的方式，采用"井"字形播种法播种，见图5-2）。在播种量较大时，按等量等面积分块进行播种。在草坪播种时，要注意基质的干燥程度和播种人的脚步：要求基质表面较干燥，以不沾脚为宜；防止用脚将基质上的草种踩踏到其他地方，使草坪发芽不均匀。

无土草坪还可以用暖季型草坪草进行生产。与冷季型草坪生产的区别是，不用种子进行繁殖，而是用种茎进行繁殖。在生长基质上播种的不是种子，而是暖季型草坪草的短茎，生产时间只控制在夏季。其他操作与种子建植法基本相同。

6. 播后管理

（1）浇水　草坪在播种完成后要即时开起喷灌系统开始灌水，保持基质湿润。因为无土草坪无法从土壤中吸取水分，所以草坪每天都要喷水，每天喷水次数可根据天气情况、草坪生长情况和喷水强度来确定，一般情况下草坪每天喷水 $3 \sim 4$ 次，每次 $5 \sim 8min$，即可保证草坪生长所需要的水分。

（2）施肥　无土草坪不能从土壤中吸收养分，因此无土草坪生产所需要的营养元素都要额外补充。草坪施用肥料的时间从草坪 $1 \sim 2$ 叶期开始。初期施肥量少，以后逐渐增加，以保证草坪草生长的需求。肥料施用一般每周一次，以复合肥为主，$3 \sim 5g/m^2$，并注意适当增加微肥的使用。

（3）补种　在草坪出苗后，注意观察草坪的出苗是否整齐，密度是否足够，必要时及时补种。

（4）除草　一般情况下，无土草坪没有杂草的危害。但有时由于某些特殊的原因，可能也有少量的杂草，可用人工除草的方法拔除杂草。

（5）病虫害防治　无土草坪的病害在高温季节极易发生，虫害相对较少。可用常规的病虫防治药剂进行防治。

（6）修剪　在一般情况下无土草坪不需要修剪，有时在草坪出草前进行一次修剪以保证草坪的景观效果。如果草坪长期未出售，则应该多次修剪。在修剪前应停止浇水，使草坪草茎叶相对干燥，修剪要求与方法同常规草坪修剪，但必须将草屑运出田外。

7. 草坪的起运

出苗后 50d 左右即可起坪，起草坪前 5d 应追施适量"送嫁肥"和少量生根剂。起草坪的当天应当少喷水，一方面减少草坪的重量，另一方面可保持草坪草茎叶相对干燥，防止在运输过程中发生"烧苗"现象。为便于运输，可将草坪栽成（0.6~0.8）m×（0.8~1）m 的草毯，卷成草坪卷装车运输，利于铺植及草坪扎根成活。起草坪的时间要根据生产地和栽植地的距离和气候条件确定，实际生产中常傍晚起坪，夜间运输，清晨到达栽培地后立即进行铺植。这样可很好地防止高温对草毯造成的损伤，有利于草坪的迅速成活生长，尤其是高温季节进行移栽时，效果很明显。

任务3　草坪的营养繁殖

草坪的营养繁殖一般用于暖季型草坪，主要草种有马尼拉草、狗牙根草等；也有少数用于扩展能力较强的冷季型草，如匍茎剪股颖、马蹄金等。主要程序是：

1. 坪床的准备

坪床准备工作同草坪的种子建植法。对土壤的表土层土壤颗粒的要求上，可以比种子建植法的要求适当降低。

2. 营养体的准备

（1）草皮的铺植时间　草皮的铺植一般在 4 ~11 月，以 4 ~6 月和 9 ~10 月为主要季节。铲取的草坪要求有足够的密度。

（2）草皮的获取　一般用专用的起草皮工具铲取草坪，有机械铲取和人工铲取两种。铲取草坪的面积较大时，可用机械铲取草皮，不但铲取草皮的效率高，而且铲取草皮的厚度可以调节；面积较小时，用人工铲取草皮即可。不同的草种铲取的草皮厚度不同。对于狗牙根类草种（天堂草328、天堂草419 及普通狗牙根等），可以少带土或不带土，只铲取草坪草的地上茎叶；对于马尼拉草种，则要求带土，铲取茎叶和部分的根系，铲取的土层厚度为 0.5~1cm。草皮的形状一般为正方形，边长为30cm 或33cm。铲出 10 块捆为一捆，用草绳捆紧，以利运输。

（3）草坪的运输　草皮铲出后，要在尽可能短的时间内运到铺植地。如果是长途运输，应该注意车厢内的温度，防止温度过高，以致草坪在运输过程中大量失水使草坪萎蔫死亡，运输过程中注意喷水保持湿润，同时要注意防雨。

3. 草坪铺植

草坪在运达铺植地后应该立即铺植。

（1）马尼拉草坪

1）切块。铺植时一般用草坪整块铺植，也可以将草坪切成小块后铺植，具体的草坪块大小没有统一的标准，可大可小。但必须注意铺植的密度和均匀性，在上半年铺植密度可小些，下半年密度应该大些，正常情况下以 1:（1~1.5）为宜，铺植密度不宜过小，以免杂草的危害。

2）铺植方法。将草坪捆解开，将草坪按设计的密度和草坪块的大小进行铺植，一般要求在草坪块之间留 1~2cm 的距离，块之间缝隙用细土填实。在零星地方或边角地，如果不能用整块草坪铺植时，可将草坪块切成需要的形状。注意，铺植过程中不要将草坪块重叠，否则重叠部分的草坪会死亡。

（2）狗牙根类草坪　如果狗牙类草坪带土铺植，方法与马尼拉草坪的铺植相同，但铺植密度可以适当降低。如果不带土，可将草茎切为 10~15cm 的短茎铺植。方法是先将截短的草茎均匀地铺于坪床表面，然后在草茎上稀疏地撒一层薄土或营养土（一般用农家肥拌壤土），土层厚度约0.5cm。

4. 铺植后的管理

（1）场地的清理　草坪铺植后，将草绳及多余的草皮清出草坪，并对草坪的铺植情况进行检查，防止草坪未铺到位。

（2）浇水　草坪铺植完成后应该立即浇水，第一次浇水要求浇透。以后根据需要，间隔7～10d再次浇水。对于草坪切块铺植的，浇水时要注意防止草坪块被水冲翻。如果是草坪草茎铺植，没有带土铺植的，则要注意浇水时尽量将草茎不冲出土层，以喷灌为宜。浇水频率要高，正常情况下，应保持土壤湿润直到草坪生根成活。

（3）压实　第一次水浇透后，当天或第二天用碌子压实，以利草坪生根。对于草茎建植的，可在铺植完成后先压实，再浇水。

（4）除草　在草坪铺植后20d左右，杂草开始浸染草坪，此时要人工除草一次。以后视具体情况安排除草。其他管理同常规管理。

5. 草坪的栽植

在草坪的面积很小（如家庭庭院），或者对部分草坪进行补植时，可用草坪栽植的方法。将现有的草坪（无论是冷季型草坪还是暖季型草坪）植株连根挖出，按照一定的穴行距进行栽植。如果是冷季型直立茎草坪草（如高羊茅），扩展能力较弱，栽植的密度要高些；如果是扩展能力较强的暖季型草坪（如狗牙根）或冷季型匍茎草坪（如匍茎剪股颖），栽植的密度可小些。栽植密度的大小还与草坪的作用有关，对于防护草坪、停车场草坪等，密度可以小些，对于观赏草坪或运动场草坪，密度要大些。具体栽植密度可经试验后决定。

【问题探究】

1. 什么叫坪床？

坪床指建植草坪的地段。

2. 怎样区分暖季型草坪草和冷季型草坪草？

按照草坪对温度的生态适应性进行的草坪分类。暖季型草是指最适生长温度在30℃左右的草坪草，生长的主要抑制因子是低温强度和持续时间，在10℃以下时进入休眠状态；冷季型草坪草是指最适生长温度在20℃左右的草坪草，生长的主要抑制因子是最高温度及持续时间。冷季型草坪草在春秋两季各有一个生长高峰，冬季仍能保持绿色。

3. 观赏草坪和运动场草坪如何理解？

按照草坪功能进行的草坪分类。草坪一般可分为观赏草坪、防护草坪、游憩草坪、运动场子草坪和其他用途草坪。

4. 无土草坪生产的优点有哪些？

（1）生产成本低　可以降低草坪的生产成本、运输成本、园林铺植成本、园林管理成本等，一般可降低园林绿化成本1.5～2.0元/m²。

（2）实现可持续生产　不用取土，不会破坏耕作层。

（3）扩大用途　可生产不同规格的草坪毯，供室内临时铺设，同时因质地轻还适用于屋顶绿化。

（4）草坪质量好　无土草坪整齐美观，无杂草，病虫害少，根系发达，成活率高。

（5）草坪建坪不受时间和季节的限制 草皮卷可在一年中任何有效时间内移植，铺植简单方便，可高效、快速地形成草坪，与高节奏的现代生活相适应。

【课余反思】

1）禾本科草坪草的分蘖类型有密丛型（紫羊茅、羊茅）、根茎型（野牛草、无芒雀麦）、疏丛型（黑麦草、猫尾草）、根茎—疏丛型（草地早熟禾）和匍匐型（狗牙根）。

2）无土草坪的工厂化生产，又称为植生带生产，是利用再生纤维通过一系列工艺加工，制成有一定弹性和拉力的、可以自行降解的无纺布，在无纺布上撒上优质草坪的种子和肥料，经过胶接和复合而形成的工业化产品。铺设时，将植生带平铺于坪床，边缘交接处重叠 3 ~ 4cm，然后在上面覆盖一层细土，厚 0.5 ~ 1cm，再进行碾压，浇透水，保证种子发芽所需水分。其他同常规管理。

3）人造草坪。以塑料化纤产品为原料，用人工方法制作的拟草坪。人造草坪的构造包括基层、缓冲层和草坪层。基层是在原坪床上铺设的一层坚实、不变形、耐高压、表面平整的混凝土或沥青。缓冲层是用具有弹性的橡胶或多孔塑料粘在基层上，目的是起缓冲作用。草坪层是由化学纤维编织或压缩而成的拟草毯与缓冲层紧密连接为一体所构成的类似于自然草坪的坪面。

4）草坪的喷播建植。草坪喷浆播种是将草籽、粘着剂、肥料及覆盖料等与水混合成泥浆，通过草坪喷播机械直接喷射到斜坡、堤坝、高速公路等坡面上的一项草坪绿化新技术。由于泥浆中含有粘着剂、土壤改良剂等成分，使泥浆有良好的附着力和粘结力，能有效地防止种子、幼苗和水土流失，是斜坡及大面积种植草坪的最佳方法。它是国际上近年来草坪业发展的一种高新技术。

5）常见草坪草的识别。草坪草的种类较多，其形态特征各异，常见草坪草的主要识别特征见表 5-2。

表 5-2 常见草坪草的识别

名称	科、属	主要识别要点	生 长 习 性	主要用途
高羊茅	禾本科羊茅属	秆成疏丛，直立、粗糙，幼叶折叠；叶舌呈膜状，长 0.4 ~ 1.2mm，平截形；叶耳短而钝，有短柔毛；茎基部宽，分裂的边缘有茸毛；叶片条形，扁平、挺直，近轴面有脊，光滑具龙骨，稍粗糙，边缘有鳞，长 15 ~ 25cm，宽 4 ~ 7mm。收缩的圆锥花序	喜寒冷潮湿、温暖气候，在肥沃、潮湿、富含有机质的细壤土中生长良好。喜光、抗高温、耐酸、耐旱、耐瘠薄、耐半阴、耐践踏，对肥料反应敏感，抗逆性强	运动场草坪；防护草坪
多年生黑麦草	早熟禾科黑麦草属	株高 45 ~ 70cm。茎直立，光滑中空，秆疏丛生，基部常膝曲。叶片深绿有光泽，多下披，上面被微毛，下面平滑，边缘粗糙，叶鞘疏松，无毛；叶舌膜质，长约 1mm。穗状花序直立，每穗有小穗 15 ~ 25 个，小穗无柄，紧密互生于穗轴两侧，花 5 ~ 11 枚，结实 3 ~ 5 粒。外稃长 4 ~ 7mm，质薄，端钝，无芒；内稃和外稃等长，顶端尖锐，透明，边有细毛。颖果梭形。种子千粒重 1.5g	喜温暖湿润气候。不耐高温，不耐严寒	多与其他草坪混种，多种用途

（续）

名称	科、属	主要识别要点	生长习性	主要用途
早熟禾	禾本科早熟禾属	一年生禾草，高8～30cm，叶片扁平、柔弱、细长。秆细弱丛生，直立或基部倾斜，高5～30cm，具2～3节。叶鞘质软，中部以上闭合，短于节间，平滑无毛；叶舌膜质，长1～2mm，顶端钝圆；圆锥花序开展，呈金字塔形，分枝平滑，小穗绿色，具3～5小花；颖质薄，顶端钝，具宽膜质边缘。颖果纺锤形、黄褐色，花果期7～9月	冷地型禾草，喜光，耐寒、耐阴、耐旱性较强，耐瘠薄，对土壤要求不严，耐热性较差，不耐水湿	观赏草坪
狗牙根	禾本科狗牙根属	多年生草本植物，具有根状茎和匍匐枝，须根细而坚韧。匍匐茎平铺地面或埋入土中，光滑坚硬，节处向下生根，株高10～30cm。叶片平展、披针形，前端渐尖，边缘有细齿，叶色浓绿。穗状花序3～6枚呈指状排列于茎顶，小穗排列于穗轴一侧，有时略带紫色。种子卵圆形，成熟易脱落	喜光，稍能耐半阴，耐践踏，在排水良好的肥沃土壤中生长良好。侵占力较强，在肥沃的土壤条件下，容易侵入其他草种中蔓延扩大。在微量的盐碱地上，亦能生长良好	运动场、足球场。固土护坡绿化材料
马尼拉	禾本科结缕草属	为多年生草本植物，具横走根茎和匍匐茎，秆细弱，高12～20cm。半细叶，叶的宽度介于结缕草与细叶结缕草之间，叶质硬，扁平或内卷，上面具纵沟，长3～4cm，宽1.5～2.5mm。总状花序，短小。颖果卵形	喜温暖、湿润环境。生长势与扩展性强，草层茂密，分蘖力强，覆盖度大。病虫害少，略耐践踏。抗干旱、耐瘠薄	观赏草坪
白三叶	豆科车轴草属	多年生草本，匍匐茎，茎节处易生不定根，分枝长达40～60cm。叶为三小叶互生，叶呈倒卵圆形或倒心脏形，油绿色，先端凹陷或圆形，叶基部楔形，边缘有小锯齿。花数多，密生成头状或球状花序，总花梗长，高出叶面。花白色或淡红色；花期于夏秋两季陆续开放不断，种子成熟期不一致，边开花边结实，荚果倒卵状矩形，种子细小	喜湿润，较耐阴，对土壤要求不严，但以在土层深厚、地势平坦、肥沃、排水良好的中性土壤生长最佳。耐践踏，适宜修剪，茎匍匐生长，但不易折断	观赏草坪，护坡草坪，绿地封闭式草坪，牧草、绿肥
马蹄金	旋花科马蹄金属	多年生小草本。茎多数，纤细，丛生，匍匐地面，节着地可生出不定根，通常被丁字形着生的毛。单叶互生，具柄，叶片圆形或肾形，有时微凹，基部深心形，形似马蹄，故名马蹄金。夏初开花，花小，单生于叶腋。蒴果膜质，近球形，径约2mm	耐阴、耐湿，稍耐旱，适应性强	观赏草坪
匍匐剪股颖	禾本科剪股颖属	多年生草本，株高约30cm，秆直立，多数丛生，细弱，具3～4节，平滑。叶鞘无毛，叶舌膜质，圆锥花序开展，小穗暗紫色	耐寒、稍耐阴，稍耐践踏，抗盐抗淹性弱强，不耐旱，适于肥沃、中等酸度细壤土	观赏草坪；运动场草坪
结缕草	禾本科结缕草属	秆直立，高15～20cm，基部常有宿存枯萎的叶鞘。叶鞘无毛，下部松弛而上部紧密裹茎，叶舌纤毛状。叶片扁平或稍内卷，表面疏生柔毛，背面近无毛。总状花序呈穗状，颖果卵形	抗旱、耐热性强，耐阴性好，耐践踏、耐盐碱	防护草坪；运动场草坪

6）草坪的混播。草坪的混播根据草坪的功用、环境条件、草坪的养护水平进行选择。目的是使不同草坪草的优缺点能够互补，保持草坪的美观及其他功能。常用的草种混播配方有：

1）90% 草地早熟禾（3 种或 3 种以上）+10% 多年生黑麦草；

2）30% 半矮生高羊茅 +60% 高羊茅 +10% 草地早熟禾；

3）50% 草地早熟禾（3 种或 3 种以上）+50% 多年生黑麦草；

4）50% 高羊茅 +25% 多年生黑麦草 +20% 狗牙根 +5% 结缕草；

5）55% 草地早熟禾 +25% 丛生型紫羊茅 +10% 高羊茅 +10% 多年生黑麦草。

【随堂练习】

1. 草坪种子建植法在建植前应该做好哪些准备工作？

2. 草坪浸种的作用是什么？如何操作？

3. 无土草坪生产时，铺设隔离层的作用是什么？基质的作用是什么？

4. 如何区分冷季型草坪草和暖季型草坪草？你认为本地草坪的建植以哪种为宜？为什么？

5. 怎样识别不同的草坪草？

项目 2　草坪的养护管理

学习目标

1. 能对园林绿化中不同类型草坪进行科学管理。

2. 能根据园林设计规划的要求，对草坪进行周年养护。

【项目导入】

草坪作为现代文明的象征目前被广泛应用，与人类生存紧密接触。草坪不但发挥着显著的生态效益，而且在园林绿化及环境保护等方面起着重要作用。人均占有草坪面积正在成为发达国家生态和环境建设的重要指标。

草坪建植后，必须加强养护管理，才能发挥草坪的功能。如果养护管理得当，草坪不但可以具有良好的观赏品质，发挥草坪的功能，还能延长绿期和草坪的使用寿命，减少草坪的建植次数。

草坪因种类、建植方法、用途的不同，养护管理的方法和要求也有差异。但是，一般草坪的养护内容主要包括草坪的修剪、病虫害防治、杂草的防除、草坪的施肥、浇水、碾压等。

【学习任务】

1. 项目任务

本项目主要任务是完成草坪的养护管理。要求掌握草坪的各种养护管理技术，保证草坪的质量和功能。

2. 任务流程

具体学习任务流程见图 5-3。

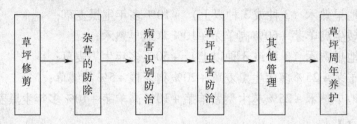

草坪修剪 → 杂草的防除 → 病害识别防治 → 草坪虫害防治 → 其他管理 → 草坪周年养护

图 5-3　草坪养护管理任务

【操作要点】

任务1　修剪草坪

修剪是所有草坪养护管理中最基本的措施之一。修剪的目的是维持草坪在一个特定范围内保持顶端生长，控制不理想的营养生长，保持草坪的观赏性、运动性及其他主要功能。

1. 草坪修剪时期的确定

（1）修剪高度　每种草坪都有它特定的修剪高度范围，高于这个范围，草坪变得蓬松、柔软、稀疏，并容易被杂草危害；低于修剪高度，草坪容易发生茎叶分离，绿色茎叶减少，老茎裸露，产生草坪"秃斑"；在适宜的范围内降低修剪高度，能引起草坪草生理上和形态上的显著变化，刺激地上部枝芽生长，蘖枝密度增加，减少根和地下茎的生长，减少碳水化合物的合成与贮存，增强草坪的观赏性，但也会使草坪的抵抗力下降，增加草坪的养护管理成本。一般情况下，新建草坪长至 6~8cm 时开始修剪，留茬高度为 4~5cm，成熟草坪在草坪草长到一定高度时修剪，具体修剪高度视草坪种类和品种确定（见表 5-3）。草坪的修剪应该遵循 1/3 原则，即每次剪去的部分不要超过 1/3 的纵向生长茎叶高度。

表 5-3　部分草坪建议留茬高度

种　　类	高度/cm	种　　类	高度/cm
多年生黑麦草	4~6	结缕草	4~6
一年生黑麦草	4~6	假俭草	3~8
高羊茅	5~8	钝叶草	4~8
紫羊茅	4~8	普通狗牙根	2~5
细羊茅	4~6	杂交狗牙根	2~4
草地早熟禾	4~8	野牛草	7~9
细弱剪股颖	0.5~1.0	巴哈雀稗	5~8
匍匐剪股颖	1.0~2.5	无芒雀稗	8~15

（2）修剪频率　草坪的修剪频率与草坪的种类、生长季节和养护管理水平有关。修剪频率低的草坪比修剪频率高的草坪粗糙，耐践踏。冷季型草坪在春、秋生长速度较快的季

节，要求有较高的修剪频率（一般 10d 左右一次）；在夏季视具体情况确定，冬季一般不进行修剪。暖季型草坪的修剪量相对较小，在夏季视具体生长情况修剪 1～3 次，在草坪返青前可进行一次低修剪。

（3）天气情况　草坪修剪应该选择天气晴朗的时候进行，要求草坪地表无积水，草坪草干燥无水珠或露水。雨后及浇水后不宜立即对草坪进行修剪。在夏季病害流行时，应该减少修剪次数。

2. 修剪前的检查

（1）草坪的检查　剪草前要彻底检查剪草区域，清除树枝、石头、电线、铁丝等杂物，同时注意地洞、树桩等危险区域的位置。

（2）草坪修剪机的检查

1）检查发动机机油。将发动机放置在一水平位置上，并将加油口周围清洗干净。取出机油尺，用干净布擦去机油，然后重新插入至底，再次取出机油尺，检查机油尺的刻度，保证机油油位在规定的刻度范围内。注意：机油油面过低（低于下刻度），会引起发动机故障；机油过多（超过上刻度），会引起机器冒烟，降低草坪修剪机的功率。

2）检查空气滤清器。取下滤清器罩盖对滤芯进行检查。如果滤芯被杂物堵塞，应立即清洗滤芯或更换滤芯，决不能使用无空气滤清器的发动机，否则会加速发动机的磨损。

3）汽油的检查。在开始剪草前，必须检查油箱内的汽油量。一般要求往油箱里注入的汽油不超过油箱的 3/4，不少于油箱的 1/2。在加入汽油时，要严防火种，并防止加入汽油过多。

4）刀片检查。将草坪修剪机有空气滤清器的一侧抬高，检查底面的刀片是否正常。发现刀片过度磨损、弯曲或不平衡时要更换刀片。在更换刀片的过程中应该注意刀片的规格、正反方向和螺钉的旋转方向，防止刀片装反方向。

5）试发动检查。先关闭风门，重压注油器 3 次以上，将油门开至最大，拉动起动绳，起动后要立即放开起动绳，并及时打开风门，将油门调至合适位置。如发动机不起动，一般有这样几个原因：火花塞不打火；空气滤清器堵塞；油门没开，挡位过小；发动机无油等。解决方法：更换火花塞，清洗化油器（或空气滤清器），适当加大挡位，多按几次油泵。如果是发动机无油，可以先关闭油门，加油，将挡位开到最大，按几次油泵，空拉发动，使内部空气由排气管排出，待气缸内油气充足，再打开油门试发动。

3. 草坪修剪

（1）穿戴好防护用品　剪草时一定要穿坚固有防滑底的鞋，不能赤足或者穿着开孔的凉鞋操作修剪机；要穿长裤，以保护腿，戴上眼镜以保护眼睛。

（2）草坪的修剪高度　调节草坪修剪机至合适的修剪高度。如果经过试剪高度不合适时，应该停止修剪，将修剪机停机，待刀片完全静止后，在水平面上进行调节。

（3）修剪机运转速度　不同的速度适合不同状况的草，发动机的最高速适合高而壮的草，最低速适合矮而瘦小的草。不要人为调节调速器，如使发动机转速过高，超速运转不但危险，而且会缩短草坪修剪机的寿命。

（4）修剪速度　草坪修剪时前进的速度与草坪的生长情况有关。如果草坪长得较高，草屑量较多，则要降低修剪的行进速度；如果草屑量很少，修剪的行进速度可快些。不要抬起或搬动草坪修剪机；不要倾斜修剪机，保持四个轮子着地；不要倒推草坪修剪机。在推车通过有石子道路或需要加油时，发动机应该关闭。修剪机发生不正常的振动、碰到外来的物体或排草不畅时，应该停机检查。

（5）草坪修剪机的剪草路线　草坪修剪机在剪草时，如果草坪的形状是规则的（长方形或近长方形），可采用"回"字形修剪路径或邻近往返式路径；如果形状不规则，则多采用往返式路径。在草坪面积较大时，可分块进行。在修剪时，要注意草坪修剪机车轮下的草坪修剪，即注意修剪的幅宽，要求将所有草坪修剪干净。在靠近树木、绿篱时，要减速慢行。

（6）坡地草坪的修剪　坡地草坪剪草时，要熟知草坪修剪机的适用坡度，不要在坡度过大的斜面上剪草，一般草坪修剪机的前进方向垂直于坡向，在改变修剪方向时要减速慢行。

（7）修剪工作时间　草坪修剪机连续工作时间正常情况下不要超过 4h，一般修剪 1 ~ 2h 后要休息 10 ~ 20min。

4. 草坪修剪后的处理

（1）草屑的处理　修剪后的草屑留在草坪上，能够把草屑中的养分归还到草坪，改善干旱状况和防止苔藓的着生，但草屑量较多的时候应及时清理，较少时不需要；如草有病虫害，则必须收集清理干净。草屑在草坪上堆积不仅影响草坪的美观，还可能使草坪因为光照和通气不足而死亡，而且草屑在腐烂后产生有毒的有机酸，能抑制草坪根系的活性，使草坪长势变弱，容易造成病虫害流行。可以使用草屑收集袋，将草屑收集于收集袋中运出草坪外；在没有使用收集袋时，在草坪修剪后，用扫帚或耙子将草屑收集，运出草坪。在高温条件下，若草坪生长健康，没有病害发生，草屑较少，可不进行收集，将草屑直接留在草坪表面，以减少土壤水分蒸发。但如果是阴天或是即将下雨时，应该将草屑运出草坪。

（2）草坪修剪机的维护　草坪修剪机使用后，应对机器进行全面清洗，并检查所有的螺钉是否紧固，机油油面是否符合规定，空气滤清器性能是否良好，刀片有无缺损等。还要根据草坪修剪机的使用年限，加强易损配件的检查和更新。检查完毕后将修剪机送入机库。

任务 2　草坪的杂草防除

草坪杂草对草坪的危害不仅是与草坪争光、争肥、争空间，而且淡化草坪的作用，降低草坪的美学价值和草坪的功能。受害草坪草表现为个体纤细、脆弱，耐寒、耐旱、耐践踏性降低，使得草坪容易退化及死亡，甚至造成草荒。因此，草坪防除杂草是草坪养护的关键技术之一。

1. 杂草种类及识别

危害草坪的杂草主要有以下三类：

（1）禾本科杂草　主要有马唐、看麦娘、牛草、早熟禾、狗牙根、狗尾草等。主要形态特征是叶片狭长，茎圆筒形，节与节之间常中空，根是须根。

（2）莎草科杂草　主要有香附子、碎米蓑草、水蜈蚣、牛毛草等。主要形态特征是茎多为三棱形、实心、无节，个别为圆柱形，空心。

（3）阔叶杂草　主要有空心莲子草、一年蓬、泽漆等。主要形态特征是叶片圆形、心形或棱形，叶脉通常为网状，茎圆形或方形。

这几类杂草中，禾本科杂草和莎草科杂草又统称为单子叶杂草；阔叶类杂草又称为双子叶杂草。

2. 草坪杂草防除的方法

（1）人工除草 人工除草是草坪除草的常用方法之一。在杂草结种子之前，都可以进行，不受时间与天气的限制。

（2）化学除草 化学除草是草坪杂草防除的主要方法。一年生禾本科杂草可选择的除草剂品种主要有禾草灵、磺草灵、拿草特、地散磷和盖草能等，在种子萌芽前使用；多年生禾本科杂草通常使用非选择性除草剂，如草甘膦、茅草枯、氯磺隆、禾草灵，通过涂抹或定向喷施的方法防除。选择性除草剂一般都在杂草出苗后使用，经常是 2~3 种联合使用，如百草敌、二甲四氯、麦草畏等，主要在春、秋两季施用于成熟草坪上。除草剂一般用喷雾法进行。除草剂在施用过程中要注意以下几个方面：

1）选择施用时间。新建的种播草坪在草坪草 4~5 叶后，铺植草坪在建植 7d 内，成熟草坪在草坪返青期前。阔叶草的芽前处理，一般结合防除禾本科杂草同时进行。除草剂施用一般选择天气晴朗、露水干后进行。

2）选择并配制药剂。按照杂草的种类和生长情况，选择合适的除草剂。按照使用说明配制药液。

液体剂配制一般用体积比法：在容器中倒入少量清水——加入定量的药剂原液并搅拌均匀——加入到喷雾器内——加入清水至规定体积——搅拌均匀。如：配制 1:1000 的药液，喷雾器的容量是 10L，则需药液原液 0.01L。在一个容器中加入少量清水（1~2L），加入 0.01L 药液，搅拌均匀，将药液倒入喷雾器内，将容器用清水反复冲洗，并将冲洗液也倒入喷雾器中，加水至规定容量，将药液搅拌均匀。

固体剂一般用质量比法：容器中加入少量清水——加入药剂并搅拌使之完全溶解——加水稀释——倒入喷雾器容器内——加水至规定容量——搅拌均匀。如：配制 1:1000 倍的药液，喷雾器的容量是 10kg，则需药液原液 0.01kg。在一个容器中加入少量清水（1~2L），慢慢加入 0.01kg 药剂，边加入药剂边搅拌，使药剂完全溶解，将混合药液倒入喷雾器内，将容器用清水冲洗，并将冲洗液也倒入喷雾器中，加水至规定质量后将药液搅拌均匀。

3）选择施药方法。一是喷雾法。这是最常用的除草剂使用方法。施用时注意药剂用量，防止重复施用产生药害，同时防止漏施，使杂草不能完全清除。二是点施或涂抹。点施法适用于防除零星的植株不高于草坪草的杂草，涂抹法则对防除成片发生的植株高于草坪草的杂草十分有效。使用的药剂要求是内吸传导作用强的高浓度灭生性除草剂。三是土壤处理法。施药后在土壤中形成封闭层，从而杀死土壤中杂草。一般用于新建草坪的杂草防除。

3. 喷雾器的使用

1）草坪面积较小时，小型手动压缩式喷雾器是常用的喷洒农药药液的机具，使用时应掌握操作与维护方法。

① 喷雾器的试用与调整。新喷雾器在使用前，应拆下压盖，向气筒内滴入少许机油润滑皮碗，然后依次装好各部件，注意各接头处装上垫圈后再拧紧。使用前应先加入清水，并把器械上部的放气螺栓拧紧，用手握住铁柄，上下拉压 30~50 次，打开开关进行喷雾，检查各管道接头处是否有漏水和漏气现象，观察喷雾是否正常；如果正常，即可到田间工作，若喷雾不好，或有漏水、漏气现象，应先修理。

② 喷雾器的使用。灌入清水或药水时，都不得超过器械外部所标的药液高度线，以保

证储藏压缩空气，产生压力。加药时，药液应过滤，防止杂质阻塞喷孔。装皮碗时，应将皮碗的一半斜放在气筒内，然后把它旋转，并逐渐旋转竖直塞杆，不可硬塞使碗边上翻。

③ 常见故障与修理。在喷雾器的使用过程中，如发生故障进行修理，应先把放气螺母松开，放出压缩气体，以防止药液冲出，对人体产生药害。主要的故障有以下三种：

一是手杆不着力。手杆压气的时候，如果打气筒冒水或不着力，多为皮碗干缩、变硬或损坏，应拆下浸油或换新皮碗。

二是雾化不良。喷雾时断时续，水气同时喷出，原因是桶内出水管焊接脱焊，可拆下用锡焊补。若喷出的雾液形状不是圆锥形，原因是喷孔堵塞，喷头片孔不圆，可清除喷头内杂物，更换喷头片。

三是多方漏水。喷杆漏水，其原因是接焊处脱焊或裂缝，应修焊或更换；各接头处漏水，是开关帽松动；密封圈损坏，开关芯粘住，可采取拧紧、更换、清洗、加油处理。

④ 喷雾器的用后管理。为了保证使用时不出故障和延长喷雾器的使用寿命，每次使用完毕，必须倒出剩余药液，再用水清洗干净。在喷施腐蚀性强的药液或乳剂后，或长期存放前，应用碱水清洗喷雾器内外表面，再用清水冲洗，并打气喷雾，清洗胶管及喷杆内部，洗完把桶盖打开，倒出积水，并使水接头朝下平放，擦干桶身，以防锈蚀。同时应把颈圈螺钉擦干，涂油保存，以防生锈；皮管悬挂起来，两头下垂；喷杆直立存放，喷头向上，使里边的积水流出，存放在阴凉干燥处。喷雾器应该单独存放，切勿与农药、化肥等腐蚀性物品堆放在一起。

2）草坪面积较大时，需要用机动弥雾机进行喷药。使用时要注意以下几点：

① 使用前，应仔细检查各连接部件是否紧固，有无漏油、漏水现象，并向各润滑点加注润滑油。加药液前，先用清水试喷，确认无渗漏现象，方可开始工作。

② 加药液时不要过满，以免药液从过滤网出气口处溢进风机壳或溢出机外，造成机械或人身事故。加药液后，药箱盖一定要盖紧。

③ 喷雾时，喷管应稍向下倾斜，并作左右摆动，摆动次数一般以走一步摆动一次为好，这样可使药液喷洒均匀。喷管口应与作物保持 30 ~ 40cm 的距离，以免因风力损伤作物。

④ 弥雾机的药液浓度比手动喷雾器高 2 ~ 10 倍，由于弥雾机雾粒极细，不易直接观察喷洒效果，一般情况下，只要作物叶面被喷管风流吹动，就表明雾点已经到了。

⑤ 作业结束后，要及时倒掉残留药液，然后用清水清洗药液箱、液泵和管道，清洗后应将清水排除干净、晾干，以防腐蚀机件。

3）在使用过程中，机动弥雾机可能会出现一些故障，其常见故障及排除方法如下：

① 化油器漏油。汽油机停机时，若发现主喷孔不断漏油，原因可能是化油器平衡杠杆调节过高，或针阀座有脏物所致，应清洗针阀座，并适当调低平衡杠杆，直到不漏油为止。

② 火花塞不跳火。在高压线路跳火正常的情况下，应先拆下火花塞，看是否有积炭，是否电极潮湿或间隙是否正常。根据情况清除积炭或作干燥处理，并将间隙调到 0.6 ~ 0.7mm 左右，若发现火花塞绝缘损坏或电极烧坏时，应更换。若火花塞一切正常，则可能是磁电机损坏所致，应拆下送修或更换。

③ 喷雾量减少或喷不出。在发动机工作的情况下，应先检查进风阀是否打开，药箱盖是否漏气或橡胶垫圈是否损坏；然后，检查药箱内进气管是否扭曲不通，喷头、开关、调节阀及过滤网透气孔是否堵塞，堵塞时应清洗疏通。

④ 药液进入风机。先检查进气胶圈，若已损坏或失去弹性时，需更换新件。如果进气胶圈与进气塞间隙过大时，可在进气塞周围裹一层胶布，以加大进气塞与胶圈的配合紧度。若是因进气塞与过滤网的透明塑料管脱落所造成，则需要重新安装好。

⑤ 手把开关漏水。先检查开关压盖是否旋紧，若已旋紧，则需检查开关芯上的密封胶圈是否已磨损，已磨损时需更换。再看开关芯锥面与壳体间的研合接触面是否密封，若密封不良，需研磨使之贴合紧密。

4. 除草后的管理

1）除草剂残留药剂要妥善处理，禁止随意丢弃；施药工具要清洗干净后放入仓库。

2）对草坪杂草的防除效果进行观察，必要时可再次清除。

任务3 识别及防治草坪病害

草坪的病害是引起草坪早衰的主要因素。由于我国地域辽阔，气候条件复杂，在各个气候带中，草坪病害都不同程度地对草坪造成危害，以过渡地区草坪病害为重，且具有代表性。

1. 草坪病害的分类

依据致病原因不同，草坪病害可分为两大类：

（1）浸染性病害 浸染性病害主要是由生物寄生（病原物）引起的，具有明显的传染现象。病原物主要包括真菌、细菌、病毒等，其中以真菌病害的发生较为严重。

（2）非侵染性病害 主要由物理或化学的非生物因素引起的，没有传染现象，称为非侵染性病害，亦称生理性病害。其发生决定于草坪和环境两方面的因素，环境因素包括：土壤内缺乏草坪必需的营养，或营养元素的供给比例失调；水分失调；温度不适；光照过强或不足；土壤盐碱伤害；环境污染产生的一些有毒物质或有害气体等。由于各个因素间是互相联系的，因此生理性病害的发生原因较为繁杂，而且这类病症状常与侵染性病害相似且多并发。

2. 常见草坪传染性病害的识别

（1）立枯丝核病菌综合症——褐斑病 立枯丝核菌褐斑病所引起的草坪病害，是草坪上最为广泛的病害，具有土传习性，寄主范围广，是冷季型草坪最重要的病害之一，常造成草坪大面积枯死。

1）主要特征。被侵染的叶片出现水浸状、颜色变暗、变绿，最终干枯、萎蔫，转为浅褐色。在暖湿条件下，草坪出现枯黄斑，有暗绿色至灰褐色的浸润性边缘，由萎蔫的新病株组成，称为"烟状圈"，在清晨有露水时或高温高湿条件下，症状比较明显。留茬较高的草坪则出现褐色圆形枯草斑，无"烟状圈"症状。在干燥条件下，枯草斑直径可达30cm，枯黄斑中央的病株较边缘病株恢复得快，结果其中央呈绿色，边缘为黄褐色环带，有时病株散生于草坪中，无明显枯黄斑。

2）诱发因素。高湿条件、施氮过多、生长环境郁闭、枯草层过厚。

3）防治方法：

a. 种植抗病品种。

b. 栽培管理措施：平衡施肥，增施磷、钾肥，避免偏施氮肥。防止漫灌和积水，改善通风透光条件，降低湿度，清除枯草层和病残体，减少菌源。

c. 药物控制：三唑酮、代森锰锌、甲基托布津等喷雾。

（2）白粉病

1）主要危害草种。早熟禾、细羊茅、狗牙根等。

2）主要特征。在草坪草的叶片上出现白色霉点，后逐渐扩大成近圆形、椭圆形霉斑，初白色，后变污灰色、灰褐色。霉斑表面着生一层白色粉状物质。

3）诱发因素。氮肥过多，遮阴，植株密度过大和灌水不当、光照不足等。

4）防治方法：

a. 种植抗病品种。

b. 加强栽培管理。减少氮肥用量或与磷钾肥配合使用；降低种植密度，减少草坪周围灌、乔木的遮阴，以利于草坪通风透光，降低草坪湿度。适度灌水，避免草坪过旱；发病草坪提前修剪，减少再侵染菌源。

c. 药物防治。多菌灵、甲基托布津等杀菌剂喷雾。

（3）腐霉菌病害

1）主要特征。高温高湿条件下，腐霉菌侵染导致根部、根茎部和茎、叶变褐腐烂，在草坪上出现直径 2～5cm 的圆形黄褐色枯草斑。在修剪植株较低矮的草坪上枯草斑最初很小，但扩大迅速；在修剪植株较高的草坪枯草斑较大，形状不规则。枯草斑内病株叶片褐色水渍状腐烂，干燥后病叶皱缩，色泽变浅。高湿条件下出现成团的棉毛状菌丝体。多数相邻的枯草斑可汇合成较大的形状不规则的死草区，且死草区往往分布在草坪最低湿的区段。有时可能会沿草坪修剪机的修剪路线形成长条形的分布。

2）诱发因素。高温、高湿条件。白天最高温30℃以上，夜间最低20℃以上，大气相对湿度高于90%，且持续 14h 以上。低凹积水、土壤贫瘠、有机质含量低、通气性差、缺磷缺钾、氮肥施用过量等。

3）防治方法：

a. 栽培管理措施。改变草坪的排水条件，避免雨后积水；合理灌水，减少灌水次数，控制灌水量，减少根层（10～15cm）土壤含水量，降低草坪小气候相对湿度；及时清除枯草层，高温季节有露水时不剪草，以避免病菌传播；平衡施肥，增施磷肥和钾肥，提高草坪的抗病性。

b. 选择耐病品种。

c. 药物控制。施用百菌清、代森锰锌、甲霜灵、杀毒矾等杀菌剂。

（4）镰刀菌病害——立枯病

1）主要特征。发病草坪初期出现淡绿色小型病草斑，随后很快变为黄枯色，在干热条件下，染病草坪草枯死形成黄色枯草斑。枯黄斑呈圆形或不规则形，直径 2～30cm，病斑内的草坪植株几乎全部发生根腐和基腐。染病株的叶片上可能出现叶斑。主要生于老叶和叶鞘上，形状不规则，初期出现水渍状，墨绿色，后变枯黄色至褐色，有红褐色边缘，外缘枯黄色。

草地早熟禾草坪上出现的枯黄斑直径可达 1m，呈条形、新月形或近圆形，枯草斑边缘多为红褐色，中央为正常草株，受病菌影响较少，四周为枯草构成的环带。

2）诱发因素。高温、湿度过高或过低，光照强；氮肥施用过量；枯草层太厚；草坪土壤 pH 值大于 7.5 或小于 5.0，偏碱或过度偏酸。

3）防治方法：

a. 栽培管理措施。增施磷钾肥，控制氮肥用量，减少灌溉次数，清除枯草层。

b. 选择抗病和耐病的品种建植草坪。

c. 药剂控制。施用多菌灵、甲基托布津等杀菌剂。

（5）锈病　锈病是分布较广的草坪病害，主要危害草坪草的叶片和叶鞘，也侵染茎秆和穗部。锈病种类很多，因菌落的形状、大小、色泽、着生特点而分为叶锈病、秆锈病、条锈病和冠锈病等。

1）主要特征。在草坪染病部位形成黄褐色的菌落，散出铁锈状物质。草坪感染锈病后叶绿素被破坏，光合作用降低，呼吸作用失调，蒸腾作用增强，大量失水，叶片变黄枯死。

2）诱发因素。低温、潮湿。锈菌孢子萌发和侵入寄生要有水湿条件，或100%的空气湿度，因而在锈病发生时期的降雨量和阴雨天数是决定流行程度的主导因素。草坪在高密度、遮阴、排水不畅、氮肥过量，杂草旺长或生长不良等条件下容易发病。

3）防治方法：

a. 种植抗病品种。

b. 药剂防治：施用三唑类内吸杀菌剂。

c. 栽培管理措施：增施磷、钾肥，适量施用氮肥。合理灌水，降低草坪湿度，发病后适时剪草，减少菌源数量。

任务4　草坪虫害

草坪上栖息着多种有害昆虫。它们取食草坪草、污染草地、传播疾病，常使草坪遭受损毁，严重影响草坪的质量。因此，消灭害虫、保护草坪，是草坪建植和管理的重要措施之一。

1. 蝗虫类

（1）主要危害　蝗虫类属直翅目蝗总科。蝗虫的成虫及若虫均能以其发达的咀嚼式口器嚼食植物的茎、叶，食性很广，可取食多种植物，但较嗜好禾本科和莎草科的植物，喜食草坪禾草，大发生时可将草坪草食成光秆或全部食光，是草坪的重要害虫之一。蝗虫类虫害多在5~9月发生。

（2）识别特征　通常为绿色、褐色或黑色。蝗虫的头部有短触角、一对复眼和3个单眼，头部下方有咀嚼式口器，是蝗虫的取食器官。前胸背板坚硬，似马鞍向左右延伸到两侧，中、后胸愈合不能活动。蝗虫腹部第一节的两侧，有一对半月形的薄膜，是蝗虫的听觉器官。腹部左右两侧是排列得很整齐的气门，从中胸到腹部第8节，共10对，是气体出入蝗虫身体的通道。雌虫的腹部末端有坚强的"产卵器"。蝗虫后腿的肌肉强劲有力，外骨骼坚硬，胫骨还有尖锐的锯刺，善于飞行和跳跃，飞翔能力强。蝗虫产卵场所大多在湿润的河岸和田埂。从卵中孵出小蝗虫（蝻），蜕皮5次发育为成虫。雨后天晴，可促使虫卵大量孵化。

（3）防治方法

1）药剂防治。发生量较多时，可采用药剂防治，常用的药剂有敌百虫粉剂、甲敌粉剂、敌马粉剂喷粉，或辛硫磷乳剂、杀虫双乳剂、氧化乐果乳剂喷雾。

2）毒饵防治。用炒熟的麦麸和敌百虫粉剂（或氧化乐果乳油等）配制成毒饵，撒于草坪中，随配随撒，不宜过夜。阴雨、大风和温度过高或过低时不宜使用。

3）人工捕捉。数量不太多时，可用捕虫网捕捉。

2. 小地老虎

（1）主要危害　小地老虎幼虫将草坪草近地面的茎部咬断，大发生时可将草坪草全部食光，造成严重损失。

（2）主要特征　小地老虎幼虫体长 55～57mm，黑褐色稍带灰色；股足趾沟 15～25 个不等。成虫体长 16～23mm，翅展 42～54mm；体色灰褐，有黑色斑纹，触角雌蛾丝状，雄蛾双栉状；前胫节侧面有刺。它主要啃食草坪草嫩茎嫩叶，严重时能造成草坪中的"秃斑"。

（3）防治方法　在小地老虎夜间出来觅食时，用敌百虫液喷杀，或用立本净颗粒剂、地正丹颗粒剂，阴天或雨后傍晚直接撒施，晴天施药先用水把草坪浇湿透，再撒施。

3. 蝼蛄

（1）主要危害　蝼蛄成、若虫均在土中啃食刚发芽的种子、根及嫩茎，使草坪枯死。还可在土壤表层穿掘隧道，咬断根或掘走根周围的土壤，使根系吊空，造成植株干枯而死。

（2）识别特征　体狭长，头小呈圆锥形；复眼小而突出，单眼 2 个；前胸背板椭圆形，背面隆起如盾，两侧向下伸展，几乎把前足基节包起。前足特化为粗短结构，基节特短宽，腿节略弯呈片状，胫节短呈三角形，具强端刺，前翅短，雄虫能鸣。

（3）防治方法

1）利用蝼蛄的趋光性，设置黑光灯诱杀。

2）毒饵防治，即用敌百虫药液浸泡半熟且晾干后的谷子诱杀。

3）用辛硫酸乳油等杀虫剂灌根。

4. 蛴螬

（1）主要危害　蛴螬是草坪的主要害虫之一。受害的草坪草根系被其咬断，成片死亡。

（2）识别特征　蛴螬体肥大，体型弯曲呈 C 形，多为白色，少数为黄白色；头部褐色，上颚显著，腹部肿胀，体壁较柔软多皱，体表疏生细毛，头大而圆，多为黄褐色，生有左右对称的刚毛。

（3）防治方法

1）种子处理。用辛硫磷乳油、对硫磷乳油、乐果乳油等药剂溶液，喷拌于待处理的种子上，让药液充分吸渗到种子后播种。

2）土壤处理。用辛硫磷乳油等药剂溶液，拌细土撒施于土表，或撒施后浅耕。

5. 粘虫

（1）主要危害　粘虫幼虫咬食叶片，1～2 龄幼虫啃食叶肉，形成小圆孔，3 龄后形成缺刻，5～6 龄达暴食期。危害严重时将叶片吃光，使植株形成光杆。

（2）识别特征　粘虫成虫体长 15～17mm，翅展 36～40mm。头部与胸部灰褐色，腹部暗褐色；前翅灰色、黄褐色、黄色或橙色，环纹与肾纹褐黄色，界限不显著，肾纹后端有一个白点，其两侧各有一个黑点；后翅暗褐色，向基部色渐淡。老熟幼虫体色由淡绿至浓黑，头红褐色，头盖有网纹，额扁，两侧有褐色粗纵纹，略呈八字形，外侧有褐色网纹。在大发生时背面常呈黑色，腹面淡污色，背中线白色，亚背线与气门上线之间稍带蓝色，气门线与气门下线之间粉红色至灰白色；腹足外侧有黑褐色宽纵带，足的先端有半环式黑褐色趾钩。

（3）防治方法

1）诱杀成虫。

2）在幼虫 3 龄前喷撒敌百虫粉或杀虫畏粉。

6. 草地螟

（1）主要危害　草地螟蛀食草根及茎部，使供水中断，导致茎、叶发黄、枯死。

（2）识别特征　草地螟成虫体长 8 ~ 12mm，翅展 24 ~ 26mm；体、翅灰褐色，前翅有暗褐色斑，翅外缘有淡黄色条纹，中翅有一个较大的长方形黄白色斑，后翅灰色，翅基部较淡，沿外缘有两条黑色平行的波纹。老熟幼虫体长 19 ~ 21mm，头黑色有白斑；胸、腹部黄绿或暗绿色，有明显的纵行暗色条纹，周身有毛瘤。

（3）防治方法　用敌百虫粉剂喷粉或敌百虫结晶、马拉硫磷、辛硫磷乳油等溶液喷雾。或用杀螟杆菌菌粉或青虫菌菌粉溶液喷雾。

7. 斜纹夜蛾

（1）主要危害　斜纹夜蛾可危害多种植物。初龄幼虫将叶片啃食成窗纱状，二三龄开始逐渐分散转移危害，取食叶片成小孔；四龄后食量骤增，有假死性及自相残杀现象，生活习性改变为昼伏夜出，在傍晚后出来危害，至黎明前又躲回阴暗处，以晚上 9 ~ 12 时取食最盛。严重时可将草坪叶片吃光。

（2）识别特征　成虫体长 15 ~ 20mm，翅展 35 ~ 40mm，灰褐色。前翅内外的横线灰白色，波浪形，后翅白色，前后翅上常有水红色至紫红色闪光。幼虫老熟时体长 38 ~ 51mm，褐色或黑褐色，头部黑褐色，身体遍布不太明显的白色斑点；背线、亚背线及气门下共 5 条线，均为灰黄或橙黄色。从中胸到第 9 腹节上有近似三角形的黑斑各一对，以第 1、第 7、第 8 腹节上的黑斑最大。

（3）防治方法

1）诱杀成虫。结合防治其他菜虫，可采用黑光灯或糖醋液诱杀。

2）化学防治。灭菊酯乳油、卡死克乳油、喹硫磷乳剂等在幼虫二三龄时喷雾防治。

任务 5　草坪的其他养护

草坪的其他养护包括施肥、灌溉、打孔、碾压、补植等。

1. 施肥

施肥草坪管理的基本措施之一，主要作用是为草坪的健康生长提供足够的营养，提高草坪的抗病、抗逆能力。

（1）施肥次数　对于大多数草坪，根据需要，每年施用一次或两次肥，以复合肥为主（一般用 P、N、K 为 15 – 15 – 15 的肥料），以保证草坪正常生长和良好的外观。对于养护水平高的草坪，一般每隔 1 ~ 2 周施肥一次，具体用量视草坪生长情况进行。

（2）施肥时间　一年中只施一次，对冷季型草坪来说夏末施肥是最佳时间；暖季型草坪则以春末为好。如果是一年施两次，冷季型草坪施肥一般放在仲春和夏末，暖季型草坪施肥一般在春末和仲夏。

施肥时间主要受两个限制因素：草坪病害和外界的天气情况，特别是温度条件。对于冷季型草坪，早春、仲春大量施速效氮肥可能加重草坪的病害，初夏、仲夏应该避免施肥，以利于提高冷季型草坪抗胁迫能力；对于暖季型草坪，夏末或初秋施肥会降低草的抗冻能力。

（3）施肥量　每次施用量不要超过 $4kg/667m^2$ 速效氮肥。当温度上升到胁迫水平时，冷季型草坪不要超过 $2kg/667m^2$ 速效氮肥或 $4kg/667m^2$ 缓释氮肥。修剪低矮的或低于修剪高度低限时，草坪施用的速效氮肥量一般要少于正常修剪的草坪。

（4）施肥方法　草坪施肥可用机械施肥和人工施肥两种方法。草坪机械施肥机具有两种：一种是用于液体化肥的施肥机；另一种是施粒状化肥的施肥机。用机械施肥的效率高，但在草坪边缘地带常常要人工补施，一般在草坪面积较大时使用。人工施肥时要求施肥人员特别有经验，才能做到施肥均匀一致。一般在草坪面积较小或粗放管理草坪时使用。

2. 灌溉

在草坪缺水时，应该及时对草坪进行灌溉以保证草坪生长的水分要求。

（1）灌溉频率　经常灌溉的草坪发病率高，灌溉不及时也会限制草坪生长。确定草坪是否需要灌溉的方法有两种：一种是估计耗水量蒸腾的方法；另一种是通过土壤水分测定的方法。对粗放管理的草坪，是否需要灌溉主要是根据草坪草萎蔫症状来确定。如果草坪在中午有萎蔫的情况，则草坪应该及时进行灌溉。

（2）灌溉时间　灌溉可以在一天中任何时间进行，但必须注意土壤的透水能力和持水量，超过了土壤渗透能力和持水量，灌溉水会积聚在草坪地表或通过径流的方式流失。一般情况下夏天中午时不能进行灌溉，以免烫伤叶片，且此时蒸发强烈，降低灌溉水的利用率，影响草坪的使用和其他管理措施的进行。夜间灌溉可避免中午前后灌溉的不利因素，减少灌溉水的损失，但是夜间灌溉，使叶片湿润，增加了草坪发病的机会，因此如果可能，可选择在凌晨进行灌溉。

（3）灌水强度　草坪灌溉的水量和次数，除受大气降水的数量和频率决定外，程度上取决于草坪土壤的性状。土壤质地越粗，水分渗透一般越快，灌水可以快些，每次所需的水量较少，但灌水次数要多。土壤质地越细，水分渗透越慢，灌水要慢，每次灌水量要多，但灌水次数少。

3. 打孔

打孔可以释放土壤中的毒气，加速长期过湿土壤的干燥，增加土壤渗透性。特别是对于地表板结或枯草层过厚的草坪，打孔可刺激根系在孔隙内生长，打破地表覆土形成的不良土层，控制枯草层的发生。如果打孔结合覆土，效果更佳。

打孔的最佳时间是在草坪生长旺盛、天气条件对草坪生长有利的晴天进行。冷季型草坪在 4~5 月或 9~10 月，暖季型草坪在 6~8 月进行。打孔后立即进行地表覆土与灌溉，以减少草坪失绿干枯的可能。

打孔机具主要有两种类型：一类是带有空心管垂直运动型的打孔机。另一类是带有广口杯或空心管的环形运动型滚筒式打孔机。垂直型打孔机打的孔深，地面干扰较少，操作时要缓慢进行。滚筒式打孔机打孔浅，对草坪地面破坏严重，工作效率高。

4. 碾压

碾压不仅能使松动的草坪草根茎与下层的土壤密切结合，而且还能提高草坪场地的平整度。碾压作业一般在早春草坪土壤解冻后，土壤含水量适中时进行。碾压前全面检查草坪土壤的平整状况，对草坪中的低洼处，覆盖适当厚度的肥土填平。若低洼处超过 2cm，先将草皮铲起，再用肥土填平，然后将草皮复原，并浇水、镇压。

5. 补植

补植时间可安排在除冬季以外的任何时候。补植可以采取铺草卷或草块、栽草根、播种等方式。一般冷季型草坪在初春时进行补植，暖季型草坪一般在初夏进行补植。

任务 6　草坪的周年养护

草坪的养护管理因气候条件、建植方法、草坪种类，以及草坪用途的不同而不同。草坪的养护工作在一年的不同月份，其工作重点也不同。草坪一般管理养护水平的工作月历见表5-4。

表 5-4　草坪一般管理养护水平的工作月历

月　　份	主　要　工　作
1 月	做好养护工作计划和草坪养护管理器具的检修保养工作。一般无养护任务
2 月	北方地区一般无养护，南方地区应该注意春旱时灌水
3 月	1. 对草坪进行平整、填土、碾压等作业 2. 对板结草坪进行打孔、追肥、浇水 3. 对生长差的草坪进行修补或补种
4 月	1. 对草坪进行第一次修剪 2. 对生长差的草坪进行施肥 3. 对草坪进行除草
5 月	1. 草坪进入旺盛生长期，加强草坪的修剪 2. 注意草坪的虫害防治
6 月	1. 草坪进入夏季养护，注意草坪的浇水 2. 对观赏草坪加强修整，并注意排涝 3. 注意草坪的病害和虫害防治 4. 注意草坪的杂草清除
7 月 8 月	主要工作同 6 月份。对越夏有困难的草坪进行降温处理
9 月	草坪进入秋季管理。秋播草坪进行播种 1. 加强草坪害虫的防治 2. 对草坪进行修补和切边等管理 3. 清除草坪过厚的碎草层 4. 对板结草坪进行打孔作业并配合施肥
10 月	1. 草坪最后一次修剪，适当提高草坪的修剪高度 2. 对草坪进行最后的修补、打孔等作业
11 月	1. 清除草坪上的落叶等杂物 2. 做好草坪养护器具的保养和检修工作
12 月	一般无养护管理。对草坪养护管理工作进行总结，部分地区可进行冬灌以利草坪越冬

【问题探究】

1. 过渡气候带的草坪种类如何选择？

在过渡性气候带，冬季寒冷，夏季高温，因此冷季型草坪和暖季型草坪草都能进行生长。但是，冷季型草坪在夏季受高温的胁迫下，容易发生病虫害，而且在冬季和夏季的草坪都有草尖发黄的现象，影响草坪的景观。暖季型草坪草过渡气候带夏季生长良好，但是在冬季枯黄。因此，过渡气候带冷季型草坪和暖季型草坪都可选择，但又都有缺点。

2. 草坪夏季浇水的适宜时间如何选择？

草坪在夏季干旱时应该及时浇水，以保证草坪生长的正常需水量。但是，发现草坪缺水一般是在中午，如果在中午进行浇水，常常会使草坪草灼伤，同时水的利用率也下降。在傍晚或凌晨浇水，可提高水的利用率。

3. 无土草坪的播后管理与种子建植法建植的草坪在播后管理措施有何区别？

在浇水、施肥、除草、修剪等方面，无土草坪的播后管理与草坪的常规管理都有区别。无土草坪因为不能从土壤中吸收水分及养分，因此在生产过程中，应该及时给草坪浇水和施肥。无土草坪一般没有杂草的危害，草坪成坪后可立即出售，因此除草及修剪等不如一般草坪建植后的管理复杂。

【课余反思】

1. 草坪湿润剂在草坪上的应用

草坪湿润剂是一种特别的表面活性剂，它可以减少与固体或液体之间的内表面张力。在草坪上施用湿润剂可增加水在疏水土壤或其他生长介质上的湿润能力，增加土壤水分和养分的有效性，促进草坪草生长，减少水分蒸发，在草坪建植时减少土壤侵蚀，促进种子发芽，减少露、霜危害，减缓局部干燥点。但施用过量或在热胁迫期间施用会伤害草坪草。为确保安全施用湿润剂，在施用前还要进行小面积实验。

2. 草坪着色剂在草坪上的应用

草坪着色剂是给草坪着色的装饰性材料。着色剂的主要作用是：将休眠变黄的草坪染成绿色，修饰染病或褪色的草坪，高尔夫球场和其他运动场在比赛前装饰等。着色剂在草坪上施用后的颜色受着色剂的特性、施用量、施用次数、处理前草坪颜色的影响，一般为蓝绿色到鲜绿色，某些着色材料可以使草坪看起来同正常生长的草坪完全一样，其他的则产生不同的效果。在着色剂施用前要进行小面积试验。

3. 草坪花纹的装饰

草坪上的花纹图案分为两种，一种为临时性花纹，一种是永久性花纹。

一种临时性花纹是用宽辐剪草机和滚压器在草坪上压出的花纹。操作方法是：在修剪草坪时，用滚筒按不同的方向进行滚压，使草坪草茎叶倒伏方向不同，由于叶片反射光线的差异而使草坪呈现出不同的花纹。草坪的花纹和图案装饰不仅应用在足球场草坪，也可以应用在其他形状较规则的草坪上。花纹的形状可根据需要选择条形、网格状、圆形、菱形格或各种图案、缩写字母等，以简洁鲜明、容易识别为佳。临时性花纹图案的装饰通常在前一天晚上或当天作业完成。

另一种临时性花纹是使用草坪染色剂形成的。将深浅不同的草坪增绿剂或不同颜色的染色剂对草坪按设计好的图案进行着色处理，形成鲜明美观、动感极强的图案，具有极好的装饰效果。

永久性花纹可由叶片颜色深浅不同的草坪草种或品种分别种植或在品种组合中掺入不同比例的混合草来形成。例如野牛草颜色灰绿，而草地早熟禾和多年黑麦草有些品种色泽淡绿，有些则色泽深绿，利用品种间颜色的差异可以设计成各种花纹图案。播种先在坪床上画出设计的花纹图案，按设计的图案分别播种。此外，还可以通过修剪高度的不同来形成不同的区域，进而呈现出不同的色泽和花纹图案，如有的高尔夫球场上，虽然种植同一种草坪草，但修剪高度不同，则可形成明显的分区。对于要求色彩鲜明的图案或文字，可播种与背景草坪区别明显的草种，如温暖地区可种植马蹄金或草坪型白三叶，甚至是五色草，均可达到较为理想的效果。

4. 草坪外观质量评价

NTEP 评分法是一种外观质量评分法，评分因素考虑草坪颜色、质地、密度、均匀性和总体质量。NTEP 采用 9 分制评价草坪质量。9 代表一个草坪能得到的最高评价，而 1 表示完全死亡或休眠的草坪。

用 9 分制评分法，1~2 分为休眠或半休眠草坪；2~4 分为质量很差；4~5 分为质量较差；5~6 分为质量尚可；6~7 分为良好；7~8 分为优质草坪；8 分以上质量极佳。以上仅为 NTEP 评分法的一般原则，实际评分时可以进一步参照其评分标准，详见表 5-5。

表 5-5 草坪外观质量评价评分标准

指 标	分 等 范 围	评 分
密度	<50%	1~3
	50%~80%	4~5
	80%~100%	5~6
	盖度 100%，较稀疏到很稠密	6~9
颜色	休眠或枯黄	1
	较多的枯叶，少量绿色	1~3
	较多的绿色，少量枯叶	3~5
	浅绿到较深的绿色	5~7
	深绿到墨绿	7~9
质地	叶宽 5~10mm	1~4
	叶宽 3~5mm	4~6
	叶宽 1~3mm	6~8
	叶宽 <1mm	8~9
均匀性	十分均匀	9
	50% 斑秃	1

【随堂练习】

1. 什么是草坪修剪的1/3原则？
2. 草坪修剪的作用是什么？在修剪过程中应该注意哪些问题？
3. 建植多年的草坪打孔、疏草的主要作用是什么？
4. 本地草坪的主要病害和虫害分别有哪些？怎样进行防治？

项 目 考 核

项目考核5-1　草坪的建植

班级		姓名		学号		得分	
实训 器材							
实训 目的							

考核内容

1. 常见草坪草的种类及特征

2. 草种的选择要求和播前处理方法

3. 坪床如何准备

4. 草坪的播种方法

5. 草坪播后管理要点

训练 小结	

项目考核 5-2　草坪的养护

班级		姓名		学号		得分	
实训器材							
实训目的							

考核内容

1. 草种的修剪要点

2. 草种的杂草防除方法

3. 草坪的常见病害种类及特征

4. 坪床的准备

5. 草坪的播种

6. 草坪的播后处理

训练小结	

考证链接

1. 相关理论知识
（1）草坪草种的识别（高羊茅、狗牙根、剪股颖、三叶草）
（2）草坪草的识别（马尼拉、马蹄金、高羊茅、狗牙根、剪股颖、三叶草、黑麦草）
（3）草坪主要害虫的识别（蚜虫、蛴螬、地老虎、蝗虫、蝼蛄、粘虫、斜纹夜蛾）
（4）草坪主要病害症状的识别（锈病、立枯病、腐霉菌病害、褐斑病、白粉病）
2. 相关技能
（1）草坪的播种建植
（2）草坪的营养建植
（3）无土草坪的生产
（4）草坪的修剪

单元6 园林树木的其他养护管理

知识目标 掌握古树名木的基本概念，理解古树名木衰老的原因；学会园林树木其他养护管理方法和古树名木养护管理技术。

能力目标 会园林树木其他养护管理、古树名木更新复壮等基本技能。

园林树木的其他养护管理主要包括园林树木的自然灾害及其防治、园林树木树体的养护和修补、古树名木的养护管理等措施。

项目1 园林树木自然灾害及其防治

学习目标
1. 了解园林树木自然灾害包括的内容。
2. 学会园林树木自然灾害防治方法。

【项目导入】

我国地域辽阔，自然条件复杂，园林树木种类繁多，分布区域广泛，常会遇到各种自然灾害，必须对其进行防治，才能保证园林树木健壮生长。

园林树木的自然灾害主要包括冻害、干梢、霜害、风害、雪害和雨淞、日灼以及涝害和雨害等。

【学习任务】

1. 项目任务

本项目的主要任务是完成园林树木对于各种自然灾害的防治，学会各种防治措施及方法。

2. 任务流程

具体任务流程见图6-1。

【操作要点】

任务1 防治冻害

冻害对树木的威胁很大，严重时甚至导致树木大枝或整个大树冻伤或冻死，在我国发生

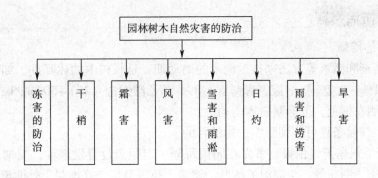

图 6-1 园林树木自然灾害的防治任务流程

较普遍。因此预防冻害对树木功能的发挥以及对于引种、丰富园林中植物种类及延长树龄也有很大的意义。

1. 越冬防寒的措施

（1）选择乡土树种 乡土树种在当地抗寒力和适应性强，因此园林植物种植设计按照适地适树的原则，优先选用乡土树种。这是防止冻害最根本且有效的途径。

（2）加强树木树体的保护 采用灌"冻水"和"春水"的防寒措施可以加强树木树体的保护。灌"冻水"一般在冬末或秋初，根据天气预报在北方多在 11 月上旬、中旬灌水，浇足浇透；"春水"就是多在早春多次灌返浆水，以降低地温抑制树木萌动可有效地预防冻害和霜害的发生。

2. 受冻树木的护理

1）对发生冻害的树木首先要尽快恢复输导系统，治愈伤口，缓和缺水现象，促使休眠芽萌发和叶片迅速长大。

2）加强树木的养护管理，保证前期肥水的供应，对受冻树木恢复树势很有帮助。

3）对树木受害部位采取晚剪或轻剪，给予枝条一定的恢复时间，对明显受冻的枯死部位可及时剪除，以利于伤口的愈合。

任务 2 防治干梢

1. 干梢的预防

防治干梢应从提高幼树的越冬性和消除冬季冻害的不良影响入手。

1）通过合理的肥水管理和促使枝条成熟，增强其抗性，同时注意防治病虫害，使枝条组织充实，起到预防干梢的发生。

2）对树木加强秋冬季节的养护管理，消除冻害的影响。

3）用培土埂的办法。

① 在树干周围撒布马粪，亦可增加土温，提前解冻。

② 于早春灌水，增加土壤温度和水分，均有利于防止或减轻干梢。

4）在秋季对幼树枝干缠塑料薄膜，或胶膜、喷白等。

2. 干梢的护理

对发生干梢的树木枝条的受伤部位进行修剪，主要是剪去受到伤害的部分，从而利于树势的恢复。

任务3 防治霜害

1. 防霜害的措施

1）采用药剂和激素等方法来推迟树木的萌动期，延长树木的休眠期。如乙烯利、顺丁烯二酰肼（0.1%～0.2%）溶液、青鲜素、B9、萘乙酸钾盐（250～500mg/kg）等在树木萌芽前或秋末喷洒在树上，可抑制树木萌动。

2）改变小气候条件可达到防霜护树的目的。

① 熏烟法。根据天气预报，事先在园内每隔一定距离设置发烟堆，发烟堆的材料用易燃的干草、秫秸、刨花等，与潮湿的落叶、锯末、草等分层交互堆起，外面覆盖一层土，中间插上木棒，以利于点火和出烟。风的上方烟堆应该分布密一些，烟堆一般不高于1m。根据当地气象预报有霜害危险的夜晚，在温度降至5℃时即可点火发烟。

北方一些地区配制防霜烟雾剂防霜效果很好。如黑龙江省宾西果树场烟雾剂的配方为：硝酸铵20%、锯末70%、废柴油10%。将硝酸铵研碎，锯末烘干过筛，锯末越碎，发烟越浓，持续时间越长。平时将材料分开放置，在霜来临时，按比例混合，放入铁筒或纸壳筒，根据风向放置药剂，待降霜前点燃。

② 遮盖法。原理是保温，阻挡外来寒流的袭击，也可保留散发的湿气，增加湿度。方法是用芦苇、蒿草、苫布等覆盖树冠。在南方对珍贵树种的幼苗为了防霜冻多采用遮盖法，广西南宁用破布、塑料薄膜、稻草等保护芒果的幼苗，效果不错。

③ 喷水法。可用人工降雨与喷雾设备在将发生霜冻的黎明，向树冠上喷水，可防止霜冻。此法的缺点是设备条件要求高。

④ 加热法。加热法是现代农业防霜的先进且有效的方法。在园内每隔一定距离放置加热器，在霜即将来临时通电加热，促使空气上下交换，上层空气变暖，在园内周围形成一个暖气层，可预防霜害。

⑤ 根外追肥法。根外追肥能增加细胞浓度，可有效预防霜害的发生。如进行叶面喷肥可及时满足树木的急需。进行叶面喷肥时间最好在上午10时以前和下午4时以后，以免高温影响喷肥的效果或导致药害。在喷肥时一定要把叶背面喷到、喷匀，使之利于树木的吸收。

2. 霜害后的养护管理

在树木霜冻发生时或过后，为了减少灾害造成的损失，可进行叶面喷肥，这样做既能增加细胞浓度，又能疏通叶片的输导系统，对防霜护树和尽快恢复树势效果良好，做法如上。

任务4 防治风害

1. 预防风害的措施

在养护管理措施上应根据当地实际采取相应的防风措施。

（1）立支柱 对新植的树木，要在下风方向用竹竿、木杆、水泥杆等支撑树干，用绳索扎缚固定。具体做法参照单元1。

（2）疏剪树冠 对风口的树木和冠大浓密的树木适当疏剪抽稀树冠，可减少阻风力，减轻风折、风倒。

（3）培土护根 对浅根的树木、孤立观赏树及树坛凹陷的树木，要加土护根，防止树干摇动时将树穴搅成泥塘或积水。

另外，培育根系苗壮的苗木、改良栽植地的土质或采取大穴换土、适当深栽、合理修剪、控制树形，对多果的树及早吊枝或顶枝以减少落果，对幼树、名贵树种可设置风障等也可起到防风害的作用。

2. 风后的养护

对于遭受大风危害的树木，应根据受害情况及时做下列维护。

1）对被风刮倒的树木及时顺势扶正。

2）折枝的根加以修剪填土压实，培土为馒头形。

3）修剪去部分或大部分枝条，并立支柱。

4）对裂枝要吊枝或顶枝，捆紧基部受伤面，涂药膏促使其愈合，并加强肥水管理，促进树势的恢复。

任务5 防治雪害和雨凇

1. 雪害的防治

（1）雪害的预防 在积雪易成灾的地区，应在雪前给树木大枝设立支柱，枝条过密的树木应进行适当的修剪疏枝。

（2）雪害后处理 在雪后及时振落积雪，并将受压的枝条提起扶正，或采取其他有效措施，如扫除树干上的积雪等防止雪灾。

2. 雨凇（雾凇、冰挂）的防治

（1）雨凇的预防 雨凇会对树木造成不同程度的危害，而雾凇危害与雨凇相似，雾凇虽然好看，却不利于树木安全越冬。树木的根系不发达，生存能力较弱，遇到强冷雾凇可能会冻伤，可以对树木进行越冬防冻处理，比如涂白、缠草绳、挡风等，这些都能保证树木安全越冬。

（2）雾凇处理 对于雾凇，可以用竹竿打击枝叶上的冰挂，使其振落，并给树木大枝设立支柱，进行支撑。出现雨凇现象，应及时摇树洗树，清除树枝的冻冰冻雨，避免负重过度折断树枝。

任务6 防治日灼

树木的日灼因发生时期不同，有冬春日灼和夏秋日灼两种。为防止冬春日灼可采用树干遮阴或涂白可减少伤害。对于树皮较薄的树木，更易受日灼致病。日灼部位树皮受伤，木质部会不同程度开裂、腐朽，刮大风时不少树木在此部位折断。

预防日灼病的措施主要有，一是保持适当定干高度，在夏季上午11时到下午3时，树冠能够荫蔽自身主干，防止受强烈阳光直射。二是注意园景树栽植密度，保证树冠间能相互于侧方荫蔽主干，达到防日灼的目的。三是在树冠无法荫蔽主干时，用草绳包扎主干到最低分枝点，保护主干不受强光直射。

任务7 防治雨害和涝害

我国北方降水多集中在6~8月份，南方则以4~9月份为多，各地均存在降水不均的情况，以致到了雨季，低洼地或地下水位高的地段排水不良，遇大雨极易积水成灾，对树木生长极为不利。

（1）雨害的防治 首先在规划设计时，尽量利用地形，地势低的地方挖湖或建水池，或者填土，或者做小地形，从根本上减少地面积水现象。

（2）涝害的防治 在雨季可采用开沟、埋管、打孔等排水措施及时对绿地和树池排涝，防止植物因涝至死。在低洼易积水和地下水位高的地段，栽植树木前必须修好排水设施，同时注意选择排水好的沙性土壤或换土，树穴下面有不透水层时，栽植前一定要打破。

任务8 防治旱害

旱害按其成因可分为土壤干旱和大气干旱。由于土壤缺水，植物根系吸收的水分不足以补偿蒸腾的支出而受害，称土壤干旱。由于空气干燥，植物蒸腾耗水量大，即使土壤中存在一定有效水分，但根系吸收的水分来不及供应蒸腾的支出致使植物受害，称大气干旱。在高温、低湿，并有风的条件下形成的大气干旱即干热风。土壤干旱会加重大气干旱，大气干旱也会使土壤水分迅速减少，而发生土壤干旱。两种类型的干旱同时发生，危害更大。此外还有作物的生理干旱等。旱害的预防措施主要有：

1）开发水源，修建灌溉系统，及时满足树木对水分的要求。

2）选择栽植抗旱性强的树种、品种和砧木。

3）营造防护林。

4）在养护管理中及时采取中耕、除草、培土、覆盖等既有利于保持土壤水分，又有利于树木生长的技术措施。

【问题探究】

1. 园林树木发生冻害的原因有哪些？

冻害主要是指树木因低温的伤害而使细胞和组织受伤，甚至死亡的现象。造成冻害的原因有多种，比较复杂，总体来分有内因和外因。当冻害发生时，应从多方面进行分析，找出发生冻害的主要原因，并采取相应的防治和处理措施。

（1）内因

① 树木的抗冻性。不同树种或同一树种中的不同品种其抗冻能力是不一样的。在规划设计时要考虑当地气候条件以及树木的抗冻性。

② 树木枝条的成熟度。枝条越成熟其抗冻性也越强。

③ 树木枝条的休眠。一般处在休眠状态的植株其抗寒能力强，植株休眠越深抗寒能力越强。

（2）外因

① 温度。低温是造成冻害的直接外界因素。若低温到来的时间早又突然，树木本身尚未经过抗寒锻炼，易发生冻害。

② 栽植地小气候。昼夜温差变化小的地方，发生冻害的可能性小。如地势、坡向不同其小气候差异较大，因为山南面昼夜温差大，山北昼夜温差小，因此在同样条件下山南的树木比山北的树木冻害严重。

③ 水体。水的热容量大，因此靠近水源的地段植物比离水源远的植物受冻害轻。

④ 种植时间和养护管理。不耐寒的树种若在秋季种植，栽植技术又不到位，冬季很容易遭受冻害。施肥量不足的或不施肥的容易发生冻害。

2. 什么叫返浆水？

当温度下降到 0℃ 时，表土层孔隙内的水分由液态水转变为固态的冰，扩大了上下层间的水势差，使水分向上层运动，随着冻土加深，在冻土和非冻土界面上一直进行着自下而上的水分运转规律，并依次结成冰晶。这种上升的水分，即称为返浆水。

3. 树木冻害的主要表现有哪些？

（1）芽　花芽受冻后，内部变褐色，初期从表面上只看到芽鳞松散，不易鉴别，到后期则芽不萌发，干缩枯死。

（2）枝条　成熟的枝条，在休眠期以形成层最抗寒，皮层次之，而木质部、髓部最不抗寒。所以随受冻程度加重，髓部、木质部先后变色，严重冻害时韧皮部才受伤，如果形成层变色则枝条失去了恢复能力。

幼树在秋季因雨水过多贪青徒长，枝条生长不充实，易加重冻害，特别是成熟不良的先端对严寒敏感，常首先发生冻害，轻者髓部变色，较重时枝条脱水干缩，严重时枝条可能冻死。

多年生枝条发生冻害，常表现在树皮局部冻伤，受冻部分最初稍变色下陷，不易发现，如果用力挑开，可发现皮部已变褐，以后逐渐干枯死亡，皮部裂开和脱落，但是如果形成层未受冻，则可逐渐恢复。

（3）枝杈和基角枝　枝杈冻害有各种表现，有的受冻后皮层和形成层变褐色，而后干枝凹陷，有的树皮成块状冻坏，有的顺主干垂直冻裂形成劈枝。主枝与树干的基角愈小，枝杈基角冻害也愈严重。这些表现依冻害的程度和树种、品种而有不同。

（4）主干　主干受冻后有的形成纵裂，一般称为"冻裂"现象，树皮成块状脱离木质部，或沿裂缝向外卷折。一般生长过旺的幼树主干易受冻害，这些伤口极易招致腐烂病。

（5）根茎和根系　根茎受冻后，树皮先变色，以后干枯。它可发生在局部，也可能成环状，根茎冻害对植株危害很大。

根系受冻后变褐，皮部易与木质部分离。一般粗根较细根耐寒力强，近地面的粗根由于地温低，较下层根系易受冻，新栽的树或幼树因根系小且浅，易受冻害，而大树则相当抗寒。

4. 干梢、霜害、风害、日灼、雨凇的概念

干梢，有些地方称为灼条、烧条、抽条等。幼龄树木因越冬性不强而发生枝条脱水、皱缩、干枯现象，称为干梢。干梢实际上是冻害及脱水造成的，严重时全部枝条枯死，轻者虽能发枝，但易造成树形紊乱，不能更好地扩大树冠。

霜害，生长季里由于急剧降温，水气凝结成霜使幼嫩部分受冻称为霜害。

风害，多风的地区，树木常发生风害，出现偏冠和偏心现象，影响树木的正常发育和功能的发挥。

日灼，又称日烧，是太阳辐射热引起的生理病害。

雨凇，是由过冷的雨滴或毛毛雨降落到 0℃ 以下的地物上迅速冻结而成的均匀而透明的冰层。

【课余反思】

1. 实生苗和嫁接苗有何区别？

同一品种的实生苗比嫁接苗耐寒，因为实生苗根系深又发达，抗寒能力强，且实生苗适应性强；砧木不同，其抗寒性也不同，一般砧木抗寒性强其抗寒性强；同一品种结果多的比结果少的容易发生冻害，因为结果多的消耗营养多，树体内养分缺乏，其抗寒能力弱。

2. 如何理解吹风法预防霜害？

可用吹风法预防霜害的发生：霜害是在空气静止的情况下发生的，利用大型吹风机增加空气的流动性，将冷空气吹散，可以起到防霜的作用。

3. 如何理解旱害？

旱害是农业气象灾害的一种。因长期无降水或降水显著偏少，农业生产所需要的水分得不到满足而造成的自然灾害。一般表现为农作物、牧草、果树、林木等出苗不齐、萎蔫、生长滞缓、落花、落果、瘪粒等，严重时导致植株枯死；有时还会因河干、井涸而使畜禽饮水和鱼塘用水发生困难。按照旱害发生的季节，可以分为春旱、夏旱、伏旱、秋旱和冬旱。有时两旱甚至三旱相连，称为连旱。

【随堂练习】

1. 树木在生长发育过程中经常遭受哪些自然灾害的威胁？
2. 防止树木抽条的措施有哪些？
3. 如何防止霜冻？
4. 如何预防风害？
5. 如何预防雪害？
6. 对受冻害的树木应采取哪些补救措施？

项目2 树木树体的保护和修补

学习目标

1. 理解园林树木树体的保护措施。
2. 学会园林树木树体的保护与修补技能。

【项目导入】

对园林树木树体的保护和修补也是非常重要的养护管理措施。树体保护首先贯彻"防重于治"的精神，做好各方面预防工作，尽量防止各种灾害的发生，同时还要做好宣传教育工作，使人们认识到，保护树木人人有责。

园林树木的树干和骨干枝上，经常因病虫害、冻害、日灼及机械损伤等造成伤口，这些伤口如不及时加以治疗、修补和保护，经过长期雨水浸蚀和病菌寄生，易使树体内部腐烂形成树洞。另外，树木经常受到人为的损坏，如在树干上刻字留念或拉枝折枝、机械损伤等，所有这些对树木的生长、发育都有很大的影响。因此，对树体上已经造成的伤口，应该早治，防止扩大，应根据树干上伤口的部位、轻重和特点，采用不同的治疗和修补方法，如涂白、补树洞、吊枝和顶枝及树干伤口的治疗等措施。

【学习任务】

1. 项目任务

本项目的主要任务是完成园林树木树体保护和修补措施，要求学会园林树木树体保护和修补的各种方法，达到景观要求。

2. 任务流程

具体任务流程见图6-2。

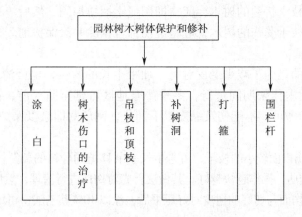

图6-2 园林树木树体保护和修补任务

【操作要点】

任务1 涂白

1. 涂白剂的配制

涂白剂的配制成分各地不一，人们常用的配方是：水10份，生石灰3份，石硫合剂原液0.5份，食盐0.5份，油脂（动植物油均可）少许。配制时要先化开石灰，把油脂倒入后充分搅拌，再加水拌成石灰乳，最后放入石硫合剂及盐水，也可加粘着剂及盐水，能延长涂白的期限。

2. 涂白

1）选择时间。涂白最好在树落叶至次年出叶前进行。

2）在使用涂白剂前，最好先将园林树木用枝剪剪除病枝、弱枝、老化枝及过密枝，然后收集起来予以烧毁，并且把折裂、冻裂处用塑料薄膜包扎好，最后再仔细检查，如发现枝干上已有害虫蛀入，要用棉花浸药把害虫杀死后再进行涂白处理。

3）将配制好的涂白剂用刷子从上向下均匀刷于树干上，高度一致，不可漏涂。涂白部位主要在离地1~1.5m为宜。若老树露骨更新后，为防止日晒，则涂白位置应升高，或全株涂白。

任务2 治疗树木伤口

树干皮部受伤后，为了使伤口尽快愈合，防止扩大蔓延，应及时对伤口进行治疗，也可采用刮树皮和植皮等措施进行处理。

1. 树干伤口处理

1）对于枝干因病、虫、冻、日灼或修剪等造成的伤口，首先用锋利的刀刮净削平四周，使皮层边缘呈弧形，然后用药剂（2%~5%硫酸铜液，0.1%的升汞溶液，石硫合剂原液）消毒。

2）对于修剪造成的伤口，应将伤口削平然后涂以保护剂，选用的保护剂要求容易涂抹，粘着性好，受热不融化，不透雨水，不腐蚀树体组织，同时又有防腐消毒的作用，如铅油、接蜡等均可。大量应用时也可用粘土和鲜牛粪加少量石硫合剂的混合物作为涂抹剂，如用激素涂剂对伤口的愈合更有利，用含有0.01%~0.1%的α—萘乙酸膏涂在伤口表面，可促进伤口愈合。

3）由于风折使枝干折裂的树木，应立即用绳索捆缚加固，然后消毒涂保护剂。

4）由于雷击使枝干受伤的树木，应将烧伤部位锯除并涂保护剂。

2. 树皮伤口处理

1）刮树皮。目的是为了减少老皮对树干加粗生长的约束，也可清除在树皮缝中越冬的病虫。刮树皮多在树木休眠期间进行，冬季严寒地区可延至萌芽前，刮树皮时要掌握好深度，将粗裂老皮刮掉即可，不能伤及绿皮以下部位，刮后立即涂以保护剂。但对于流胶的树木不可采用此法。

2）植皮。对于伤口面较小的枝干，可于生长季节移植同种树的新鲜树皮。在形成层活跃时期（6~8月）最易成功，操作越快越好。其做法首先对伤口进行清理，然后从同种树上切取与创伤面相等的树皮，创伤面与切好的树皮对好压平后，涂以10%萘乙酸，再用塑料薄膜捆紧即可。

任务3　吊枝和顶枝

大树和古老的树木当树身倾斜不稳定时，应支撑加固；大枝下垂的需设立支柱来支撑。支柱应有坚固的基础，上端与树木连接处应有适当的托杆和托腕，并加软垫，以避免磨损树皮，同时设立支柱时要考虑到美观，与周围环境相协调。支柱可采用木材、钢管、钢筋混凝土等材料（见图6-3）。

图6-3　顶枝

任务4　补树洞

补树洞是为了防止树洞继续扩大和发展，其做法有3种：

1. 开放法

1）如伤孔不深没有填充的必要时，可按前面介绍的伤口治疗方法处理。

2）树洞过大且给人以奇特之感，想留做观赏时，可将树洞内腐烂木质部彻底清除，刮去洞口边缘的死伤组织，直至露出新的组织为止，用药剂消毒并涂防护剂。同时要改变洞口形状以利于排水，也可以在树洞最下端插入排水管。之后要经常检查防水层和排水情况，防护剂要每隔半年左右重涂一次。

2. 封闭法

树洞经过处理消毒后，在树洞口表面钉上板条，以油灰封闭（油灰是用生石灰和熟桐油以1:0.35拌制，也可以直接用安装玻璃用油灰，俗称腻子），再涂以白灰乳胶，颜料粉面，为增加美观，还可以在上面压树皮状纹或钉上一层真树皮。

3. 填充法

1）填充材料。木炭的防腐性能、杀菌效果比较好，其膨胀与收缩性能与木材接近，而玻璃纤维膨胀性很小，因此采用木炭、玻璃纤维作为树洞的填充材料效果较好。另外，也可用枯朽树木修复材料（塑化水泥）进行填充。这种填充材料与以往的材料不同，它是一种新型的填充材料，具有弹性、韧性、可塑性，用时溶于水，固化后坚固，可防水、防腐、防虫蛀。

2）操作方法。填充材料必须压实。为加强填料与木质部的连接，洞内可钉上若干电镀铁钉，并在洞口内两侧挖一道深约4cm凹槽，填充物边缘应不超过木质部，使形成层能在它上面形成愈伤组织。外层用石灰、乳胶、颜料粉涂抹，为了增加美观、富有真实感，可在最外面钉上一层真的树皮。

任务5　打箍

当树木粗大的枝干发生劈裂后，要先清洗裂口杂物，然后用铁箍箍上。铁箍是用两个半圆形的弧形铁，两端向外垂直折弯，其上打孔，用大的螺钉连接，在铁箍内最好垫一层橡胶垫，以免重力或枝干生长时伤及树皮。此外，还应隔一段时间拧松螺钉，避免随着树木的增粗生长，铁箍嵌入树体内。如扬州大学附属小学门前两颗古银杏树干劈裂，即用一铁箍进行打箍处理（见图6-4）。

图6-4　打箍

任务6 围栏杆

对于面积较小的园林，为防止人为的践踏和破坏，可在树木树冠投影下加保护性栏杆等障碍物以防止过度践踏，栏杆内可种植地被植物或铺设草坪。栏杆高度可视具体环境及造景需要而定（见图6-5）。

图6-5　围栏杆

【问题探究】

1. 树干涂白目的和作用是什么?

目的是防治病虫害和延迟树木萌芽及避免日灼为害。可预防日灼是由于涂白可以反射阳光，减少枝干局部温度增高。目前仍采用涂白作为树体保护的措施之一。

2. 涂白剂的配制方法有哪些?

（1）硫酸铜石灰剂　硫酸铜500g、生石灰10kg。用开水将硫酸铜充分溶解，再加水稀释；将生石灰慢慢加水熟化后，继续将剩余的水倒入调成石灰乳然后将两种混合，并不断搅拌均匀即成涂白剂。

（2）石灰硫黄四合剂　生石灰8kg、硫黄1kg、食盐1kg、动（植）物油0.1kg、热水18kg。先用热水将生石灰与食盐溶化，然后将石灰乳和食盐水混合，加入硫黄和油脂充分搅匀即成。

（3）石硫合剂生石灰剂　石硫合剂原液0.25kg、食盐0.25kg、生石灰1.5kg、油脂适量、水5kg。将生石灰加水熟化，加入油脂搅拌后加水制成石灰乳再倒入石硫合剂原液和盐水，充分搅拌即成。

（4）熟石灰水泥黄泥剂　熟石灰1000g、水泥1000g、黄泥1250g。将熟石灰、水泥和黄泥加水混合后搅拌成浆液状即可使用，可酌情加入杀虫剂、杀菌剂以兼治林木的枝干病虫。注意做到随配随用。

3. 为何要补树洞?

各种原因造成的伤口长期不愈合，长期外露的木质部受雨水浸渍，逐渐腐烂，形成树洞，严重时可造成树干内部中空，树皮破裂，一般称为"破肚子"。由于树干的木质部及髓部腐烂，输导组织遭到破坏，因而影响水分和养分的运输及贮存，严重削弱树势，降低了枝干的坚固性和负载能力，缩短了树体寿命。

【课余反思】

1. 什么是桥接？

对于树体受伤面积很大的枝干，在用上面的方法处理后，要恢复树势延长树木的寿命可以采用桥接的方法。树体遭受病虫、冻伤、机械伤后，由于树皮受到损伤，影响树液流通，树势因此而削弱。桥接是指用几条长枝条连接受损处，使上下连通以恢复树势。其方法为：在春季树木萌芽前，削切环死树皮，选树干上树皮完好处，切开成和接穗宽度一致的上下接口。然后取同种树的一年生枝条，接穗稍长一点，上下削成斜面插入、固定在树皮的上下接口中，再涂保护剂，促进愈合。

2. 什么是根寄接？

如果伤口发生在树干的下部，其干基周围又有根蘖发生，则选取位置适宜的萌蘖枝，并在适当的位置剪断，将其接入伤口的上端，然后固定绑紧，这种称为根寄接。

【随堂练习】

1. 树木涂白的目的是什么？
2. 如何用填充法进行补树洞？
3. 如何处理树干干伤？
4. 如果树木皮部受伤如何进行处理？

项目3　古树名木的复壮更新

学习目标

1. 了解古树名木衰老的原因。
2. 学会对古树名木进行调查、登记及存档。
3. 会对特殊环境的古树名木进行复壮与养护管理。

【项目导入】

古树名木是中华民族悠久历史与文化的象征，是绿色文物，活的化石，是自然界和前人留给我们的无价珍宝，也是风景旅游资源的重要组成部分，具有极高的科研、生态、观赏和科普价值。但长期以来，由于多种原因，古树名木遭受破坏现象严重，数量急剧减少。古树是几百年乃至上千年生长的结果，一旦死亡则无法再现，因此我们应该非常重视古树的复壮。

树木的衰老、死亡是客观规律，近年来由于环境污染，生长环境、条件日趋恶化，加上由于重视程度不够，保护意识差，人为破坏和树木自身树龄较大等因素，许多古树、名木长期处在生长弱势边缘，严重者甚至死亡。但事实证明，人们可以通过人为的技术措施延缓树木的衰老死亡进程，使之长盛不衰。

很多古树由于树龄高，生理机能下降，根部吸收水分、养分的能力以及再生能力减弱，导致生长缓慢或仅仅维持一息生命，再遇到环境变化甚至会死亡。因此，保护古树名木的重要举措是复壮。就古树衰败的现状来看，通常表现为树干腐朽空洞、冠形残缺、顶梢枯萎、枝叶凋零、病虫害严重、根系生长不良等，而古树的复壮就是要针对这些衰败现象，采取相应措施，达到恢复树势的目的。

为保护好现存古树名木，先对古树名木进行普查建档工作，为开展古树名木保护工作打好基础。通过调查分析树木的生长状况及衰老的原因，再根据具体情况对古树名木进行挽救、复壮。

【学习任务】

1. 项目任务

本项目主要任务是对古树名木进行调查、登记及存档，然后对古树名木进行相应的复壮挽救。

2. 任务流程

具体学习任务流程见图6-6。

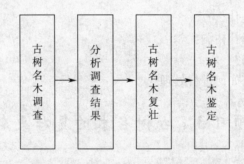

图6-6　古树名木复壮任务流程

【操作要点】

主要的操作过程是完成上面任务流程图中的各项任务。我们对各项任务进行逐个学习，最终完成整个项目，形成景观产品。

任务1　古树名木的调查、登记、存档

1. 古树名木的调查

（1）工具及材料　50m皮尺、5m钢卷尺、胸径尺、测高器、数码相机、枝剪、高枝剪、卡纸、刻刀、记录表格等。

（2）调查方法　采用实地踏勘，对本地区内树龄在百年以上的古树与名木进行每木调查。

（3）调查内容　主要调查古树名木的树种、生长位置、树龄、树高、胸围、冠幅、生长势、立地条件、特殊状况描述、树木茎、叶描述与标本制作以及传记等。

2. 古树名木登记存档

古树名木每木调查表见表6-1。

表6-1 古树名木每木调查表

_____ 省（区、市）_____市（地、州）_____县（区、市）

树种	中文名：		别名：		拉丁名：	
	科：		属：		种：	
位置	乡镇（街道）		村（居委会）		社（组、号）	
	小地名：					
树龄	真实树龄　　　　年		传说树龄　　　　年		估测树龄　　　　年	
树高	m	胸围　　　　cm		地围　　　　cm		
冠幅	平均　　　　m	东西　　　　m		南北　　　　m		
立地条件	海拔　　m；坡向　　　；坡度　　　；坡位　　　部					
	土壤名称：　　　　；紧密度：					
生长势	①旺盛	②一般	③较差	④濒死	⑤死亡	
权属	①国有	②集体	③个人	④其他	原挂牌号：第　　号	
树木特殊状况描述						
管护单位或个人						
保护现状及建议						
古树传说或名木来历						
树种鉴定记载						

调查者：　　　　日期：　　　　审查者：　　　　日期：

填写说明：全国古树名木普查建档技术规定如下（每木调查）。

1）树种：无把握识别的树种，要采集叶、花、果或小枝作标本，供专家鉴定。

2）位置：逐项填写该树的具体位置，小地名要准确，是单位内的可填单位名称或部位。

3）树龄：分三种情况，凡是有文献、史料及传说有据的可视作"真实年龄"；有传说，无据可依的作"传说年龄"；"估测年龄"估测前要认真走访，并根据各地制定的参照数据类推估计。

4）树高：用测高器或米尺实测，记至整数。

5）胸围（地围）：乔木量测胸围（即胸径，指树木的胸高直径），灌木、藤本量测地围，记至整数。

6）冠幅：分"东西"和"南北"两个方向量测，以树冠垂直投影确定冠幅宽度，计算平均数，记至整数。

7）生长势：分五级，在调查表相应项上打"√"表示。枝繁叶茂，生长正常为"旺盛"；无自然枯损、枯梢，但生长渐趋停滞状为"一般"；自然枯梢，树体残缺、腐损，长势低下为"较差"；主梢及整体大部枯死、空干、根腐、少量活枝为"濒死"；已死亡的直接填写，死亡古树不进入全县统一编号，调查号要编，在总结报告中说明。

8）树木特殊状况描述：包括奇特、怪异性状描述，如树体连生、基部分杈、雷击断稍、根干腐等。如有严重病虫害，简要描述种类及发病状况。

9）立地条件：坡向分东、西、南、北、东南、东北、西南、西北，平地不填；坡位分坡顶、上、中、下部等；坡度应实测；土壤名称填至土类；紧密度分极紧密、紧密、中等、较疏松、疏松五等填写。

10）权属：分国有、集体、个人和其他，据实确定，打"√"表示。

11）管护单位或个人：根据调查情况，如实填写具体负责管护古树名木的单位或个人。无单位或个人管护的，要说明。

12）传说记载：简明记载群众中、历史上流传的对该树各种神奇故事，以及与其有关的名人轶事和奇特怪异性状的传说等，记在该树卡片的背页，字数300字以内。

13）保护现状及建议：主要针对该树保护中存在的主要问题，包括周围环境不利因素，简要提出今后保护对策建议。

任务2　分析调查结果

古树名木的调查登记工作完成后应对结果进行分析，可根据记录的古树名木的种类数量、分布情况、立地条件、生长情况、生态环境等，讨论古树名木生长及管养方面存在的问题，提出相应挽救、复壮、养护管理的措施。如树木有严重的病虫害，应分析其病虫害种类及发病状况，提出治疗的措施及挽救复壮的方法，并采集标本进行存档。（见图6-7）

图6-7　受到破坏的古树

任务3　古树名木的复壮

经过对古树的生长立地环境等因素进行调查，然后针对其地上与地下部分的具体情况采取多种措施来改善其生长态势。

1. 地下部分复壮

地下部分的复壮目的是要促使树木根系生长。一般可采用松土、打孔、覆沙等措施来改善树根的通气、透水状况。

（1）松土　松土应在树冠投影外100cm进行，深度要求在40cm以上，可多次重复才能达到这一深度。而对于有些古树不能深耕时，可观察根系走向，用松土结合客土、覆土保护根系。

（2）打孔　对板结的地面打孔，对树冠投影下的地面上打出的孔可以用植物材料组成的碎木屑覆盖，增加土壤的透气、透水、蓄水能力，碎木屑自然降解后持续供给古树养分，并有利于土壤微生物的生存和活动。

（3）增加土壤养分　一株古树几百年乃至几千年都生长在一个地方，使土壤中营养元素含量降低，缺失的养分往往不能及时得到补充。因此，可对古树进行适量施肥，一般情况下可隔年施一次有机肥，同时可采用换土、埋条等措施来增加其根部的营养面积。

① 换土。深挖50cm（注意随时将暴露出来的根用浸湿的草袋子盖上），把原来的旧土与沙土、腐叶土、大粪、锯末、少量化肥混合均匀之后再填埋其中。

② 埋条。可分为放射沟埋条和长沟埋条。放射沟埋条是在树冠投影外侧挖放射沟4～12

条，每条沟长 12cm 左右，宽为 40～70cm，深 80cm。沟内先垫放 10cm 厚的松土，再把剪好的苹果、海棠、紫穗槐等树枝缚成捆，平铺一层，每捆直径 20cm 左右，上撒少量松土，同时施入粉碎的麻酱渣和尿素，每沟施麻酱渣 1kg、尿素 0.05kg，为了补充磷肥可放少量动物骨头和贝壳等物，覆土 10cm 后放第二层树枝捆，最后覆土踏平。如果株行距大，也可以采用长沟埋条，沟宽 70～80cm，深 80cm，长 200cm 左右，然后分层埋树条施肥、覆盖踏平。应注意埋条的地方不能低，以免积水。

（4）地面铺梯形砖和草皮　在地面上铺置上大下小的特制梯形砖，砖与砖之间不勾缝，留有通气道，下面用石灰砂浆衬砌，砂浆用石灰、砂子、锯末按 1:1:0.5 的比例配制；同时还可以在埋树条的上面种上花草，并围栏杆禁止游人践踏，也可在其上铺带孔的、有空花条纹的水泥砖或铺铁筛盖。此法对古树复壮都有良好的作用。

2. 地上部分复壮

地上部分的复壮主要是对古树名木的树干、枝叶等的保护促使其生长。

（1）支架支撑

（2）补树洞

（3）病虫害防治　古树多进入衰老期，容易招致病虫害而加速死亡。可通过合理修剪、涂白等措施防治病虫害。

（4）设避雷针　雷击将严重影响树势，甚至使树木很快死亡。据调查，千年古银杏大部分曾遭过雷击。所以，高大的古树应加避雷针。如果遭受雷击，就立即将伤口刮平，涂上保护剂，并堵好树洞。

（5）生长环境管理　古树在原有的环境条件下生存了上百年甚至上千年，说明它对当地的环境是十分适应的，因而不能随便改变其原有的生存环境。对其生长环境管理的保护措施主要有下面两种：

① 设围栏、堆土、筑台、支撑。

② 立标志、设宣传栏。安装标志、宣传栏时应标明树种、树龄、等级、编号等内容。

3. 肥水管理

（1）施肥　通过对古树周围土壤的分析结果确定施肥种类，根据古树名木的生长需要进行施肥。古树的施肥方法各异，可以在树冠投影部分开沟（深 30cm、宽 70cm、长 200cm 或者深 70cm、宽 100cm、长 200cm），沟内施腐殖土加稀粪，也可施化肥或在沟内施马蹄掌或酱渣（油粕饼）。对于生长较健康的古树，在根际周围以施厩肥为主，对树势较弱的古树，以树干滴注液态肥为主。

（2）种植固氮植物　在人流量较少的古树地表种植豆科植物，如苜蓿、白三叶等，为古树复壮创造具有丰富的营养物质、适宜的土壤含水量及土壤通气性能等良好的立地条件。

（3）灌水　每年春季 4～5 月份灌 2～3 次透水，11 月末或 12 月初进行冬灌，对生长在地势低洼地段的古树，修建排水沟及地下渗水管网。

4. 日常管理

春季、夏季灌水防旱，秋季、冬季灌水防冻。由于城市空气浮尘污染，古树树体截留灰尘极多，影响光合作用和观赏效果，可用喷水方法加以清洗。

任务4 古树名木鉴定

在风景旅游胜地，我们经常可以见到一些树上钉有"古树名木"的小牌子。那么，哪些树可称为古树名木呢？

1. 古树名木的分级

（1）古树 可分为国家一、二、三级。

1）一级古树。目前规定，柏树类、白皮松、七叶树，胸径（距地面1.2m）在60cm以上，油松胸径在70cm以上，银杏、国槐、楸树、榆树等胸径在100cm以上的古树，且树龄在500a以上的，定为一级古树。

2）二级古树。国家二级古树为树龄在300～499a，胸径在30cm以上的柏树类、白皮松、七叶树，或者胸径在40cm以上的油松，胸径在50cm以上的银杏、楸树、榆树等，树龄在300～499a的，定为二级古树。

3）三级古树。树龄在100～299a。

（2）名贵树木 稀有名贵树木则是指樱花、椴、腊梅、玉兰、柘树、木香、乌桕等树种。另外，树龄20a以上的，胸径在25cm以上的各类常绿树及银杏、水杉、银杉等，以及外国朋友赠送的礼品树、友谊树，或有纪念意义和具有科研价值的树木，不限规格一律保护。其中各国家元首亲自种植的定为一级保护，其他定为二级保护。

当然，不同的国家对古树树龄的规定差异较大。在西欧、北美一些国家，树龄在50a以上的就定为古树，100a以上的古树就视为国宝了。

2. 古树名木的一般种类

主要有将军柏、轩辕柏、凤凰松、迎客松、阿里山神木、银杏、胡杨、珙桐等。

【问题探究】

1. 古树名木的定义

（1）古树 是指树龄在100a以上的树木。

（2）名木 名木指在历史上或社会上有重大影响的中外历代名人、领袖人物所植或者具有极其重要的历史意义、教育意义、文化价值、纪念意义的树木。而在《中国大百科全书》中对古树名木这样定义的，即树龄在百年以上，在科学或文化艺术上具有一定价值，形态奇特或珍稀濒危的树木。

2. 古树名木衰老的原因有哪些？

（1）内因 主要是树木自身因素导致，古树名木经过上百年的风风雨雨，树龄高，自身生理机能下降，生活力下降，树龄的老化使根部吸收水分、养分的能力与再生能力减弱，不能满足地上部分的需要。

（2）外因 主要包括环境因素、人为因素、病虫害、自然灾害等。

①立地条件差，营养面积小。一些古树分布于丘陵、山坡、墓地、悬崖等处，土壤贫瘠，水土流失严重，随着树体的生长，汲取的养分不能维持其正常生长，很容易造成严重的营养不良而衰弱甚至死亡。

②人为活动也是危害古树名木的重要因素。古树名木发生衰弱及死亡的原因除了部分属于机理性衰败外，大多数属于非机理性的原因所致，其中人为因素是重要的原因之一。如

不合理的采伐、城市扩大、基础设施改善、居民动迁等波及古树的生存空间，在树上乱画、乱刻、乱钉钉子等破坏活动也使树体受到严重损害。

另外，树干周围铺装面积大，土壤理化性质恶化，城市公园里游人密集，地面践踏频繁，致使土壤板结，通气不良；有的树干周围铺装面积过大，仅留下很小的树盘，影响了地上与地下气体交换，使古树处于透气性极差的环境中。另外，城市土壤污染日益严重，人们乱排污水，乱倒垃圾，乱堆水泥、石灰、炉渣等，导致土壤酸化、盐碱化，理化性质变坏，加速了古树的衰老。

③病虫害、鼠害危害严重。由于古树年龄大，树势减弱，易遭病虫害侵袭。如槐树的介壳虫、天牛，油松的松毛虫等对古树的侵害较重。另外，鼠类对树根的啃食也加剧了其衰亡的速度。自然灾害也是很多古树名木衰败的原因之一，雷击雹打，雨涝风折，都大大削弱了树势。

3. 古树复壮时为什么要改善土壤的透气性？

土壤的透气性是影响树木根部生长的限制因素，密实的土壤使树木扎根和呼吸困难，生长受到影响，这是古树衰弱的主要原因之一。

4. 古树名木资源调查的目的和要求有哪些？

调查古树名木资源的目的是为了掌握古树名木资源分布情况，生长生态情况，以便于建立古树名木档案，相应地采取有效的保护措施，使之充分发挥作用。这对于更好地开展研究地区的文明史，研究植物地理学，古植被和气候的变化，以及水土保持等，都具有一定的科学价值；更是提供古树名木的资源和科学依据，为各地旅游事业，增添丰富多彩的新内容、新景观、新景点。

【课余反思】

抢救与复壮濒危古树

1. 抢救一般分地上和地上两部分

（1）地上部分抢救 即向树冠喷施广谱性杀虫剂，并进行封干处理。如果蛀孔量多，可用麻布片包裹树干并对麻布进行喷药处理，一般15d左右进行一次，连续3次，根治树干内的害虫。对树上的干枝、死枝应修剪，注意锯口平滑，并涂防腐剂，尽可能不损伤枝条，如有风折枝条，应对伤口进行消毒保护，避免或减少树液流失。如果用吊瓶法防治害虫，应注意保护伤口。

（2）地下部抢救 地下部抢救是根据树冠的大小与树枝的分布走向，确定吸收根的准确位置；对树冠不全者，可根据树皮的纹脉与枝的关系，查找吸收根群所在位置，利用复壮沟或营养坑进行抢救。如果条件允许，可在树冠垂直投影外100cm范围内松土，撒入粉碎后经过发酵的壳斗科植物叶子（如橡树叶），厚约5cm，翻入土中。因立地条件所限不能进行树冠喷药和封干处理的，可根据树干胸径大小确定内吸性杀虫剂的施药量进行根施。一般施药量＝胸径（cm）×4g，松柏类约15d左右药剂能到达树冠的各个部位。如有病害伴生，可根据不同病害种类，有针对性地施入多菌灵或甲基托布津等内吸性杀菌剂，每株250g左右，结合浇水，加入由微量元素制成的营养液或活力素，每株500g。浇水应深达50cm以上，1h以内渗完为佳，并覆盖薄土，防止鸟类饮水中毒。注意不能长时间积水，在土质松软地区，对古树应采取临时支撑的方法予以保护，避免因遇大风倒伏。

2. 应用嫁接技术对濒危古树进行抢救

对树体进行嫁接，在果树上应用较多，但在古树上，以前还未应用过。为了对濒危的古树进行抢救，寻找出能抢救濒危古树的方法。如对濒死的上海浦东三林古银杏苑、三林水厂、金桥开发区300a的3株古银杏采用树体嫁接的方法，使古银杏得到抢救。目前，这三株古银杏嫁接部位愈合情况良好。嫁接的小树从土壤中吸取水分、养分供古树生长，古树由于吸收了嫁接小树提供的营养物质，目前长势比以前明显改观。其中，三林银杏苑一株濒死的古银杏在嫁接后第一年枝条上还结出了银杏果，树体上由于嫁接刺激出来的潜伏芽经过一年多生长，已经长出30cm多。

3. 濒危古树的抢救应注意的问题

一是要在第一时间内采取措施，不能贻误抢救的最佳时机或最后机会；二是防病治虫是赢得抢救时间的必要条件和保障，避免蛀干害虫对古树的致命伤害和养分的损失；三是用橡树叶腐熟分解可促进根菌大量繁殖并产生有机酸，激活土壤中潜在肥力，因此不可盲目施肥，避免因施肥对已十分衰弱的根系造成损害，出现"补而不受"的情况；四是不能积水，如果土壤过度干旱、板结或潮湿，应挖暗井进行调节，使土壤水分维持在适中状态，即用手抓握成团，一触即散的程度。

总之，古树的衰弱、濒危、死亡有一个发展过程，在日常养护中要勤转、勤看，不留死角，发现问题应因地制宜、科学合理地进行抢救。濒危古树复壮分为稳定期、恢复期和生长期等几个阶段，切不可急于求成。

4. 应用菌根菌对古树进行复壮

菌根真菌与土壤微生物混合接种对树木的生长和营养有积极意义。菌根可促进根瘤的形成，可以扩大植物根系的吸收面积，促进植物对磷元素的吸收利用，供植物利用。菌根还能增加对 Cu、Zn、Mg 等微量元素的吸收。

【随堂练习】

1. 古树名木地上部分复壮的措施有哪些？
2. 古树名木复壮时如何进行埋条？
3. 古树名木的生长环境管理措施有哪些？
4. 古树名木的肥水管理措施有哪些？

项 目 考 核

项目考核6-1　树木自然灾害的防治

班级		姓名		学号		得分	
实训 器材							
实训 目的							

考核内容

1. 风害的防治要点

2. 冻害的防治方法

3. 霜害和雪害的防治步骤

4. 雨害的防治

训练 小结	

项目考核6-2　树干伤口处理

班级		姓名		学号		得分	
实训 器材							
实训 目的							

考核内容

1. 树干伤口种类的识别

2. 树干伤口的处理要点

3. 伤口处理后的树木养护要点

训练 小结	

项目考核 6-3　古树名木的复壮

班级		姓名		学号		得分	
实训器材							
实训目的							

考核内容

1. 古树名木地下部分复壮步骤

2. 古树名木地上部分复壮要点

3. 古树名木的养护管理步骤

训练小结	

考证链接

1. 相关知识

（1）影响园林树木的自然灾害因子

（2）名木古树养护、复壮的基本原理

2. 相关技能

（1）园林树木自然灾害的防治

（2）名木古树养护管理方法

参 考 文 献

［1］吴泽民．园林树木栽培学［M］．北京：中国农业出版社，2005.

［2］张秀英．园林树木栽培学［M］．北京：中国农业出版社．

［3］成海钟．园林植物栽培养护［M］．北京：高等教育出版社，2005.

［4］李承水．园林树木栽培与养护［M］．北京：中国农业出版社，2007.

［5］张涛．园林树木栽培与修剪［M］．北京：中国农业出版社，2006.

［6］邹长松．观赏树木修剪技术［M］．北京：中国林业出版社，1988.

［7］祁林．绿化施工与养护管理［M］．北京：中国建筑工业出版社，1989.

［8］梁伊仁．园林建设工程［M］．北京：中国城市出版社，2001.

［9］陈有民．园林树木学［M］．北京：中国林业出版社，1990.

［10］周兴元．园林植物栽培［M］．北京：高等教育出版社，2006.

［11］曹仁勇．园林工程［M］．南京：江苏科学技术出版社，2007.

［12］奚道雷，等．草坪建植与养护手册［M］．北京：中国农业出版社，2002.

［13］孙吉雄．草坪技术指南［M］．北京：科学技术文献出版社，2000.